"粤菜师傅"工程系列
——烹饪专业精品教材编委会

编写委员会

主　任：吴浩宏
副主任：王　勇
委　员：陈一萍　王朝晖

编写组

主　审：吴浩宏
主　编：马健雄
副主编：李永军　陈平辉　吴子彪　杨继杰　谭子华
　　　　康有荣　巫炬华　张　霞　梁玉婷　彭文雄
编　委：马健雄　巫炬华　杨继杰　李永军　吴子彪
　　　　冯智辉　张　霞　陈平辉　郭玉华　康有荣
　　　　谭子华　梁玉婷　彭文雄　刘远东　朱洪朗

编写顾问组

黄振华（粤菜泰斗，中国烹饪大师，中式烹调高级技师，中国烹饪协会名厨委员
　　　　会副主任）
黎永泰（中国烹饪大师，中式烹调高级技师，广东省餐饮技师协会副会长）
林壤明（中国烹饪大师，中式烹调高级技师，广东烹饪协会技术顾问）
梁灿然（中国烹饪大师，中式烹调高级技师，广州地区餐饮行业协会技术顾问）
罗桂文（中国烹饪大师，中式烹调高级技师，广州烹饪协会技术顾问）
谭炳强（中国烹饪大师，中式烹调高级技师）
徐丽卿（中国烹饪大师，中式面点高级技师，中国烹饪协会名厨委员会委员，广
　　　　东烹饪协会技术顾问，广州地区餐饮行业协会技术顾问）
麦世威（中国烹饪大师，中式面点高级技师）
区成忠（中国烹饪大师，中式面点高级技师）

"粤菜师傅"工程系列
烹饪专业精品教材

吴子彪　冯智辉　刘远东 编著

粤菜烹调技术

暨南大学出版社
JINAN UNIVERSITY PRESS

中国·广州

图书在版编目（CIP）数据

粤菜烹调技术/吴子彪，冯智辉，刘远东编著.—广州：暨南大学出版社，2020.5（2021.2重印）

"粤菜师傅"工程系列. 烹饪专业精品教材

ISBN 978-7-5668-2873-6

Ⅰ.①粤…　Ⅱ.①吴…②冯…③刘…　Ⅲ.①粤菜—烹饪—方法—教材　Ⅳ.①TS972.117

中国版本图书馆CIP数据核字（2020）第041424号

粤菜烹调技术

YUECAI PENGTIAO JISHU

编著者：吴子彪　冯智辉　刘远东

出 版 人：张晋升
责任编辑：黄文科　曾小利
责任校对：刘碧坚
责任印制：周一丹　郑玉婷

出版发行：暨南大学出版社（510630）
电　　话：总编室（8620）85221601
　　　　　营销部（8620）85225284　85228291　85228292　85226712
传　　真：（8620）85221583（办公室）　85223774（营销部）
网　　址：http://www.jnupress.com
排　　版：广州尚文数码科技有限公司
印　　刷：深圳市新联美术印刷有限公司
开　　本：787mm×1092mm　1/16
印　　张：11.75
字　　数：230千
版　　次：2020年5月第1版
印　　次：2021年2月第2次
定　　价：56.00元

（暨大版图书如有印装质量问题，请与出版社总编室联系调换）

总 序

  粤菜，历史悠久，源远流长。在两千多年的漫长岁月中，粤菜既继承了中原饮食文化的优秀传统，又吸收了外来饮食流派的烹饪精华，兼收并蓄，博采众长，逐渐形成了烹制考究、菜式繁复、质鲜味美的特色，成为国内最具代表性和最具世界影响力的饮食文化之一。

  2018 年，在粤菜之乡广东，广东省委书记李希亲自倡导和推动"粤菜师傅"工程，有着悠久历史的粤菜，又焕发出崭新的活力。"粤菜师傅"工程是广东省实施乡村振兴战略的一项重要工作，是促进农民脱贫致富、打赢脱贫攻坚战的重要手段。全省到 2022 年预计开展"粤菜师傅"培训 5 万人次以上，直接带动 30 万人实现就业创业，"粤菜师傅"将成为弘扬岭南饮食文化的国际名片。

  广州市旅游商务职业学校被誉为"粤菜厨师黄埔军校"，一直致力于培养更多更优的烹饪人才，在"粤菜师傅"工程推进中也不遗余力、主动担当作为。学校主要以广东省粤菜师傅大师工作室为平台，站在战略的高度，传承粤菜文化，打造粤菜师傅文化品牌，擦亮"食在广州"的金字招牌。

  为更好开展教学和培训，学校精心组织了一批资历深厚、经验丰富、教学卓有业绩的专业教师参与"粤菜师傅"工程系列——烹饪专业精品教材的编写工作。在编写过程中，还特聘了一批广东餐饮行业中资深的烹饪大师和相关院校的专家、教授参与相关课程标准、教材和影视、网络资源库的编写、制作和审定工作。

  本系列教材的编写着眼于"粤菜师傅"工程的人才培训，努力打造成为广东现代烹饪职业教育的特色教材。教材根据培养高素质烹饪技能型人才的要求，与国家职业工种标准中的中级中式烹调师、中级中式面点师职业资格标准接轨，以粤菜厨房生产流程中的技术岗位和工作任务为主线，做到层次分类明确。

  在教材编写中，编写者尽力做到以立德树人为根本，以促进就业为导向，以技能培养为核心，突出知识实用性与技能性相结合的原则，注重传统烹饪技术与现代餐饮潮流技术的结合。编写者充分考虑到学习者的认知规律，创新教材体例，体现教学与实践一体化，在教学理念、教学手段、教学组织和配套资源方面有所突破，以适应创新性教学模式的需要。

本系列教材在版面设计上力求生动、实用、图文并茂，并在纸质教材的基础上，组织教师亲自演示、录制视频。在书中采用 ISLI 标准 MPR 技术，将制作步骤、技法通过链接视频清晰展示，极为直观，为学习者延伸学习提供方便的条件，拓展学习视野，丰富专业知识，提高操作技能。

本系列教材第一批包括 5 册，分别是《粤菜原料加工技术》《粤菜烹调技术》《粤菜制作》《粤式点心基础》《粤式点心制作》。该系列教材在编写过程中得到了餐饮业相关企业的大力支持和很多在职厨师精英的关注与帮助，是校企合作的结晶，在此特致以谢意。由于编者水平所限，书中难免有不足之处，敬望大家批评指正。

"粤菜师傅"工程系列——烹饪专业精品教材编写组

2020 年 2 月

前 言

　　本教材融烹调专业理论知识和实操技能知识于一体，依照国家职业资格标准中"中式烹调师"的中、高级标准，对应粤菜厨房主要技术岗位（打荷、上杂、候镬）的岗位职能和技术要求而编写，使学生能系统掌握烹调技艺的基础理论，掌握主要技术岗位的基本操作技能，学会运用各种烹调方法制作有代表性的菜肴，以适应粤菜厨房中主要技术岗位的工作要求，基本达到（某一岗位）独立操作的培养目标。可作为烹饪专业学生学习粤菜烹调技术的教材。

　　本教材的编写在注重理论知识和实操技能知识的同时确立的写作思路是：

　　（1）体现粤菜的地方风味特色。

　　（2）理论知识和实操技能具有典型性、代表性和系统性。

　　（3）菜肴举例具有代表性，能起到举一反三、触类旁通的作用，引发学生学习传统粤菜精粹的兴趣，并启发学生的创新思维。

　　本教材共分 11 个模块，以烹调基础理论知识和烹调方法为主线，每个模块再分为若干个项目，条理清晰，适合教学。

　　本教材的编写分工如下：吴子彪负责模块一至模块九的编写，冯智辉负责模块十、模块十一的编写，刘远东负责菜肴拍摄及装盘美化工作，全书的前置作业、思考题和统稿工作由吴子彪负责。书中肯定存在不足之处，敬请读者指正。

作　者
2019 年 12 月

目 录

模块四　以蒸汽传热加温的烹调方法

模块五　以水传热加温的烹调方法（汤类）

模块六　以水传热加温的烹调方法

模块一

烹调基础知识

项目 1
烹调概述

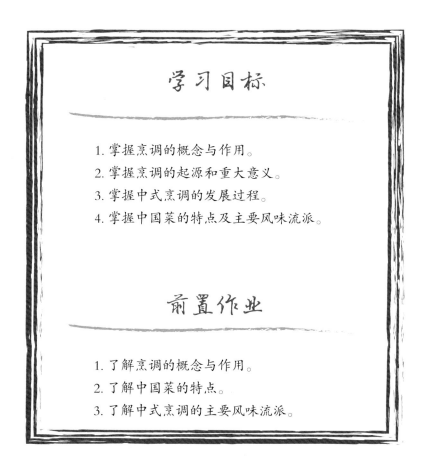

学习目标

1. 掌握烹调的概念与作用。
2. 掌握烹调的起源和重大意义。
3. 掌握中式烹调的发展过程。
4. 掌握中国菜的特点及主要风味流派。

前置作业

1. 了解烹调的概念与作用。
2. 了解中国菜的特点。
3. 了解中式烹调的主要风味流派。

　　烹调作为一门具有技术性、艺术性、科学性的技艺，对人类文明的发展起着重大的促进作用，一直到社会经济和科学技术高度发达的今天，同样极大地丰富着人们的物质生活和精神生活。中式烹调（中国烹饪饮食文化）是中华民族优秀文化的重要组成部分，有着悠久的历史和丰富的内涵。我们要继承、拓展和创新这一优秀传统文化，把中式烹调技艺的科学化和标准化推上更高的水平。

一、烹调的概念

　　烹调是制作菜肴的一门技艺，它主要包含烹与调两个方面，两者既是统一的整体，又各自具有不同的内涵。

（一）烹

烹即加温、加热，是指运用各种加热的手段，使烹饪原料由生至熟形成具有一定色泽、形状和质感的菜肴的过程。

（二）调

调即调味，是指运用各种烹饪调味料和各种施调方法，使菜肴具有一定的滋味、香气和色彩的过程。

（三）烹调

烹调就是将加工切配好的原料，通过加热和调味制成菜肴的过程。从广义上来说，烹调包括整个菜肴制作的全过程，指菜肴的制作方法和工序，即烹调工艺和烹调技术。

二、烹与调的作用

（一）烹的作用

（1）杀菌消毒，保障食用安全。

（2）分解养分，便于吸收消化。

（3）产生香气，增强食欲。

（4）合成滋味，形成复合美味。

（5）增色增美，丰富外观形态。

（6）丰富质感，形成各种质感效果。

（二）调的作用

（1）消除原料异味。

（2）赋予菜肴美味。

（3）形成菜肴的各种风味效果，丰富口味。

（4）增添色彩。

三、烹调的起源

（一）烹起源于火的利用

人类的祖先在原始社会长期过着"生吞活嚼、茹毛饮血"的生活。在长期的生活实践中，我们的祖先从使用天然产生的火到保留火种，再到发现取火的方法，在利用火的过程中，渐渐懂得了食用熟食，学会了利用火来烧煮食物。火的利用标志着人类进入食用熟食的文明时代。熟食的推广，大大促进了人类的体质和智力的发展，最终把人与动物区分开来。

（二）调起源于盐的利用

原始人类进入熟食时期后相当长的一段时间里，只知道把食物烧熟食用，因此只能尝到食物的本味。没有经过调味的食物的滋味是单调的。后来，生活在海边的原始人类，偶然发现粘上盐粒的食物滋味特别好，经过长期的生活实践，人们渐渐懂得用盐来增加食物的美味程度，于是，就有了最早的调味。食物有了调味，口味就变得丰富了。

（三）发明烹调的重大意义

（1）彻底改变了人类"茹毛饮血"的生活方式。

（2）烹调的应用可以起到杀菌消毒、改善营养的作用，为人类的体质和智力发展创造了有利条件。

（3）烹调的应用扩大了食物的范围，人类迁往平原、岸边居住，脱离与兽为伍的恶劣环境，生活起居开始走向文明。

（4）烹调的应用能使食物得以保存，人类逐渐养成了定时饮食的习惯，有更多时间从事生产劳动，使生产力得到发展。

（5）烹调技艺的产生与发展逐步提高了人们的生活质量，孕育并形成了灿烂的饮食文化。

四、中式烹调发展的主要过程

中国烹调技艺经历了数千年的发展，形成了自己的饮食习惯和特色，已成为中国宝贵的文化遗产。纵观其发展过程，大致可以分为以下几个时期：

（一）萌芽时期

史前至殷商时代（包括新石器时期和夏商时期）：生食—熟食—制作陶器—用盐调味—烹调开始—烹调的萌芽时期。

这一时期，人们已经有了定居之所，开始饲养牲畜、家禽，种植粮食作物、蔬菜果类等，有了较充裕的食物。从石器到陶器，工具发生了变化，开始有了炊具，熟食从直接烧烤发展到使用器皿进行烹煮，人类在日常饮食中开始运用烹调技术制作食物。

（二）形成时期

从原始社会后期进入到奴隶社会（商周时期至秦朝）：陶器技术发展—青铜器出现—调味酱品出现—多种烹调方法出现—专职厨师（庖人）出现—食肆出现—烹调的形成时期。

在这个进程中，中国的烹调技术有了迅速的发展。其一是炊具的发展，进入青铜器时代，陶器更多了，质量也更好了；其二是调味品，已能酿制酱油、醋、酒等；其三是出现了专职的厨师（庖人），烹调方法也多了，如炖：时人已经知道在小鼎装入原料再放入大鼎中炖，不让大鼎里的水沸腾到小鼎内，这和现在的隔水炖法差不多；其四他们也懂得了火候与调味是烹调的两大关键，知道旺火、温火、小火必须正确运用，酸、甜、辣、咸、苦五味必须互相调和才能达到去除异味、改善滋味、突出原料美味的目的。

（三）发展时期

秦汉时期至隋唐时期：铁器广泛—取代铜器—炊具发展—外域调味品和蔬菜的传入—烹调作为学问出现—烹调专著出现—烹调技艺日趋成熟—烹调的发展时期。

铁器的广泛运用和陶器手工业的发展为更精细的烹调技艺创造了有利条件，外域香料、蔬菜等的传入给中国的烹调技术提供了新的原料，烹调技术由"术"向"学"发展，一些烹饪专著相继面世等，标志着中国烹调进入全面发展时期。

（四）成熟时期

宋明清时期：饮食市场繁荣—饮食品种精美多样—山珍海味入馔—排场华贵的宴席出现—各地方风味形成—烹调的成熟时期。

我国宋、明、清三个朝代，经济发展使得饮食市场繁荣，烹饪饮食的品种更加精美多样，中国烹调技术进入到成熟昌盛时期。这一时期的主要标志是：

（1）饮食市场繁荣，菜肴品种繁多，客栈酒楼出现。

（2）山珍海味入馔，注重饮食疗法，出现排场华贵的宴席。

（3）鲁、川、苏、粤四大菜系成为全国主要菜系，各地方风味形成。

（4）厨房分工日益细致，原料加工、保藏方法更加先进，在烹调技术上更加讲究色、香、味、形、器。

（5）烹饪著作水平较前代有了很大提高。

（五）繁荣时期

近代、现代历史时期，中国烹饪进入了一个创新、开拓的繁荣时期。这一时期着重表现在中华人民共和国成立后，尤其是实行改革开放之后。中国烹饪的现代时期是一个繁荣的全新时期，是一个由传统烹饪向现代烹饪转变的时期，通过不断地创新和开拓，为中国烹饪走向新的未来开辟出一条康庄大道。这一时期的主要表现是：

（1）构建了现代中国烹饪体系，一个和传统烹饪不同的现代烹饪体系开始逐步建立。

（2）发展了现代烹饪实践，科学技术的进步给中国烹饪实践发展创造了有利条件。

（3）形成了现代风味流派，随着社会的变迁，风味流派从内容到形式都相应发生了变化。

（4）创造了现代饮食文化，倡导文明饮食。科学的现代饮食观念逐渐形成，烹饪受到全社会的重视，并且作为一种文化，得到了全社会的认可。中国烹饪无论在生产规模的广度和深度、从业人员的教育培训，还是国内外烹饪交流、技术比赛、著作刊物及有关知识的普及上，都得到了迅速发展，成绩斐然。

五、中式烹调的特点及风味流派

（一）中式烹调的特点

1. 选料讲究

中式烹调在原料的选择上非常精细、讲究，在质量上，逢季烹鲜，力求鲜活；在规格上，不同的菜肴按照不同的要求选用不同的原料。

2. 刀工精湛

刀工是烹调技艺的基本功之一，是菜肴制作的一个重要环节，决定着菜肴的基本形状，既便于烹制调味，又使菜肴外形美观。

3. 配料巧妙

中式菜肴的烹调，非常注重原料质地、色泽、形状、口味、营养成分等各方面的合理、科学搭配。

4. 技法多样

中式烹调技法多种多样，精细微妙，既有全国范围都通用的烹调方法，又有具有地方特色的各地使用的烹调技法；既有热菜的烹调技法，又有冷菜的烹调技法。而且，每一种烹调技法还派生出若干种具体方法。

5. 菜品繁多

中国幅员辽阔，各地区地理环境、自然气候、物产资源、生活习惯不尽相同，因而产生了不同的风味流派及与之相应的烹调方法和菜肴品种，光传统菜肴品种就在万种以上，任何国家都难以比拟。

6. 味型丰富

中式烹调的味型之多也是世界之最，除一些基本口味之外，各地方菜系还有自己独特的口味、味型。而且，人们还会根据季节变化和各自口味的不同，运用多种方法进行调味。

7. 注重火候

在烹调中，火候是决定菜肴质量的一个关键，中式烹调对火候的使用相当讲究，可根据原料性质、菜肴特色和食者要求使用不同的火候，从而使菜肴达到所需要的质感效果。

8. 讲究盛器

中式烹调不仅讲究菜肴的色、香、味、形、质、养等，而且对盛装的器皿尤为讲究。所谓美食美器，即对于不同的菜肴，装在什么样的器皿里都有一定的要求，这种食与器的完美结合，充分体现了我国独特的饮食文化特色。

9. 食疗结合

药食同源，食疗结合，是中国菜肴的重要特色。在中式烹调中，不同原料按照药膳机理组合搭配，形成不同功效的特色药膳，这是中式烹调所独有的。

10. 中西交融

中式烹调在继承发展本民族优秀传统的同时，在原料调料的使用、技法的运用、工艺的创新等方面，都在借鉴学习西餐的先进方法，在保持自己特色的基础上走向世界，向国际化方向发展。

（二）中式烹调的风味流派

1. 风味及风味流派

中国菜肴由于地区、民族、宗教等因素的不同，体现出明显的差异性。它们各用各的原料，各施各的技法，各有各的口味，这些特点各不相同，迥然有异，被称为风味。

　　一些原料选择、相互搭配、烹调方法、口味特色相同或相近的一定区域或民族内，烹调师往往结合在一起，形成一股烹饪潮流，他们烹调菜肴的风味表现出鲜明的一致性，这种烹调个性相近、风味相似的集合体，被称为风味流派。

　　2. 地方风味流派

　　风味流派以地域划分为主，称为地方风味流派，也称地方菜系。中国最著名的地方风味流派是四大菜系，即鲁菜、川菜、苏菜、粤菜。

　　（1）山东菜。

　　山东风味菜简称鲁菜，主要由济南风味、胶东风味和济宁风味构成。主要特点：

　　①用料广泛、刀工精细。

　　②精于制汤、注重用汤。

　　③技法全面、讲究火候。

　　④咸鲜为主、善用葱香。

　　⑤丰满实惠、雅俗皆宜。

　　代表菜：葱烧海参、油爆双脆、锅烧肘子、清汤燕菜、烩乌鱼蛋、糖醋黄河鲤鱼、九转大肠、锅塌豆腐、清蒸加吉鱼、奶汤蒲菜等。

　　（2）四川菜。

　　四川风味菜简称川菜，主要由成都风味、重庆风味和自贡风味构成。主要特点：

　　①味型丰富。

　　②选料广泛。

　　③方法多样。

　　④博采众长。

　　代表菜：樟茶鸭子、宫保鸡丁、鱼香肉丝、麻婆豆腐、水煮牛肉、毛肚火锅、干煸牛肉丝、夫妻肺片、家常海参、回锅肉等。

　　（3）江苏菜。

　　江苏风味菜简称苏菜，主要由淮扬风味、金陵风味、苏州风味和徐海风味构成。主要特点：

　　①用料讲究、四季有别。

　　②刀工精细、刀法多变。

　　③重视火候、讲究火功。

　　④口味清鲜、咸中稍甜。

　　代表菜：蟹粉狮子头、大煮干丝、水晶肴蹄、三套鸭、扒烧整猪头、拆烩鲢鱼头、金陵盐水鸭、清蒸金鲳鱼、镜箱豆腐等。

（4）广东菜。

广东风味菜简称粤菜，主要由广州风味、潮州风味、东江风味和港式风味构成。主要特点：

①用料广博奇杂。

②善于模仿变化。

③烹调方法独特。

④口味清鲜爽嫩。

代表菜：白切鸡、脆皮鸡、红烧乳鸽、化皮乳猪、脆皮烧鹅、糖醋咕噜肉、蚝油牛肉、八宝冬瓜盅、大良炒牛奶等。

3. 民族风味菜

我国是一个多民族的国家，各民族都有其不同的饮食习惯、烹调技法和风味菜肴。

（1）蒙古族菜。

主要特点：

①以羊、牛肉及奶类为主要原料，分为红食（肉类制品）、白食（奶制品）。

②烹调方法以烤、煮、烧最具特色。

③以咸鲜为主，辅以奶香、烟香、糖醋等。

④品种丰富。

代表菜：烤全羊、烤羊腿等。

（2）维吾尔族菜。

主要特点：

①取料精细。

②烹调方法以烤、烧、煮、炸为主。

③以咸鲜为主，常用辛辣的孜然调味，颇有特色。

④常用佐食。

代表菜：烤全羊、烧羊肉串、手抓羊肉、手抓饭、羊肉丸子、羊杂碎等。

（3）朝鲜族菜。

主要特点：

①就地取材，用料比较广泛。

②常用炖、煎、炒、拌、烤等烹调方法。

③调味以咸为主，佐以辣、麻、香、酸。其中腌泡菜很有地方特色。

④菜肴大都具有滋补食疗的作用。

代表菜：生渍黄瓜、生拌牛肉丝、生烤鱼片、酱牛肉萝卜块、酸辣大白菜、蒸蛤蜊等。

4. 宗教风味菜

（1）中国素菜。

素菜是以粮、豆、蔬、果为主体的膳食。这一膳食传统与佛、道思想结合，成为寺、观的日常饮食，后向民间发展，形成素菜。素菜主要由寺观素菜、宫廷素菜、民间素菜和食肆素菜构成。主要特点：

①禁用动物类原材料和辛香类蔬果。

②刀工精细，善于仿形，技法全面。

③素净鲜香，清爽可口，口味有一定的地域倾向。

④食疗功效明显，被视为养生佳品。

代表菜：罗汉斋、鼎湖上素、素火腿、面筋腐竹、香炒白果等。

（2）中国清真菜。

清真菜与其他信奉伊斯兰教国家的菜品风味有很多相似之处，但又具有中国烹饪的属性，故称中国清真菜。主要由西路（银川、乌鲁木齐、兰州、西安）、北路（北京、天津、济南、沈阳）、南路（南京、武汉、重庆、广州）三个分支构成。主要特点：

①选料恪守伊斯兰教教规，禁血生，否则不食。

②禁外荤，即不吃猪肉。

③水产品中忌用无鳞或无鳃的鱼，以及带壳的软体动物、虾蟹。

④在选用羊肉时，选绵羊而不用山羊。

⑤南路习用鸡鸭蔬果，西路北路习用牛羊粮豆。

⑥擅长煎炸、爆熘、煨煮和烧烤。

⑦以本味为主，清鲜嫩脆与肥浓香醇并重，讲究味型和配色。

代表菜：葱爆羊肉、清水爆肚、黄焖牛肉、手抓羊肉（白条）、烤全羊、涮牛肉、炸羊尾等。

5. 家族风味菜

（1）孔府菜。

孔府菜是孔子嫡系后裔家常菜品和宴会菜品的统称。主要特点：

①选料名贵、调理精细、技术全面、菜品高雅、盛器华美、席面壮观。

②有十分浓厚的文化色彩，并注重寓乐于食，寓教于食。

③烹调工艺基本上属于山东风味菜系，但具有鲜明的大家族官府气息。

④遵守"食不厌精，脍不厌细"的膳食指导思想，强调品位、愉情和摄生。

代表菜：孔府一品锅、诗礼银杏、合家平安、八仙过海闹罗汉、琥珀莲子、神仙鸭子、玉带虾仁、鸾凤同巢、带子上朝等。

（2）谭家菜。

谭家菜源于清末，为同治年间谭宗浚之家所独创。主要特点：

①选料严、下料重。

②多用烧、焖、烩、蒸、扒、煎、烤等烹调方法。

③擅长调制海鲜、鱼翅、燕窝等名贵原料。

④甜咸适中，南北均宜。质感软烂，易于消化。

⑤家庭风味浓郁，宴席档次甚高。

代表菜：黄焖鱼翅、蚝油鱼肚、罗汉大虾、裙边三鲜、草菇蒸鸡、砂锅鱼唇、葵花鸭子、人参雪蛤等。

（3）私房菜。

私房菜多为一些大家族、官府或商家的家庭菜，各地均有。主要以当地风味菜系为基础，突出家庭制法，又称为秘制，不向外流传，影响不甚广泛。主要特点：

①选料精细，爱选用名贵或有特色的原料。

②制作精良、讲究，菜品高雅，富有特色。

③菜品多有寓意，具有鲜明的文化内涵。

④烹调方法一般不外传，而是在家族中一代代传下去，带有秘制的特色。

想一想

1. 烹调的出现，对人类社会产生了哪些重大影响？

2. 中国的菜系，除了公认的"四大菜系"之外，还有哪些主要菜系？您对其中哪些菜系有所了解？

3. 中国被认为是世界三大烹饪王国之一，其余两国分别是？这两个国家为什么会成为烹饪王国？

项目 2
粤菜烹调的特点

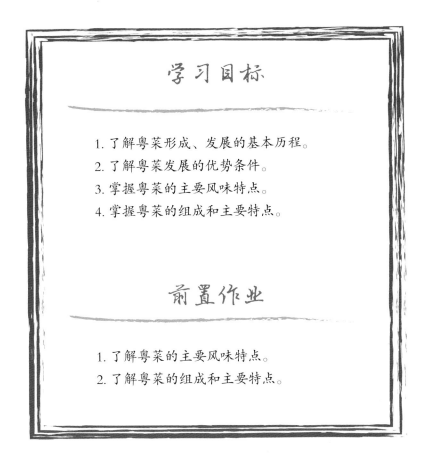

学习目标

1. 了解粤菜形成、发展的基本历程。
2. 了解粤菜发展的优势条件。
3. 掌握粤菜的主要风味特点。
4. 掌握粤菜的组成和主要特点。

前置作业

1. 了解粤菜的主要风味特点。
2. 了解粤菜的组成和主要特点。

一、粤菜的形成和发展

粤菜以其选料广博奇杂、技法灵活多变、地方风味独特、风格高雅大气而独树一帜、闻名于世，是中国烹饪四大菜系之一。

（一）粤菜的萌芽期

考古发现，广东最早出现的人类是马坝人。在马坝人生活的年代，岭南地区的古人类已经懂得利用自然火，慢慢知道了保留火种和取火烹食，用盐调味进食。尽管这种用火、调味都是非常简单的，但毕竟是一种有意识的自觉行为，这标志着从此马坝人摆脱了愚昧、野蛮的动物性行为，从漫长的生食历程走向饮食文明，开始了粤菜的萌芽阶段。

（二）粤菜的形成期

随着陶器的发明和人们逐渐学会使用陶制器皿烹煮食物，粤菜的形成期开始了。考古发现，至少在 8 000 年前，岭南地区已出现陶器，烹调技术有了形成发展的条件；约在 4 000 年前已普遍出现耕种农业和家畜饲养业，奠定了烹调发展的物质基础，使真正意义的烹调技法得以形成。

距今三四千年前，广东的先民已形成氏族部落或部落联盟，其中大部分又逐渐演变成为习俗鲜明的南越族。秦王朝统一中国后，中原人陆续以多种方式南迁，同时带来了中原烹饪技艺。汉越逐渐融合，南下的汉人带来的农业生产知识和饮食文化，逐渐与岭南的地理环境、特产和饮食习俗糅合在一起，创造出了别具一格的南越饮食文化。

（三）粤菜的成长期

在隋、唐、宋、元期间，粤菜烹调进入迅速成长时期，形成独树一帜的局面。粤菜在这一时期迅速成长的主要表现有：

（1）烹调技法初成体系。根据史料记载，当时岭南人的烹饪技巧已相当高明，煮、炸、蒸、炒、烩、烧、煎、拌等多种烹调技法已经流行，这些烹调方法几乎囊括了现行的基本烹调技法。

（2）辨物施法、因料施味的烹调风格已经出现。

（3）杂食习惯依然保留。由于天然食物资源丰富，岭南人养成了杂食的习惯。其实许多动物的腥膻味是很重的，然而岭南人能将其烹制得色、形、味俱全，可见其烹调技艺之高、窍门之多。

（4）崇尚饮食，大胆引进。岭南人崇尚饮食的理念和商业的发达进一步促进了饮食业的发展，讲饮讲食成风，而且从不排斥外来食品，还对其加以吸收和利用，形成了吃得新奇、吃得方便、吃得满意、吃得回味的食风。

（5）食制自成一格。自唐代以来，在宴席或会餐中，粤菜菜肴上菜的方式、次序与北方完全不同，形成了典型的南方食制。

（四）粤菜的兴旺期

明清时期，广东的农业生产以及手工业生产比较发达，商贸条件得天独厚，加上战乱较少，经济繁荣，餐饮市场十分兴旺。这一时期，广州是中国重要的通商口岸，在清代还是唯一对外开放的通商口岸，各地商贾云集，西洋餐饮也相继传入，广州街头除了有粤菜之外，扬州小炒、姑苏名菜、四川小吃、京津名点、山西面食以及西餐厅、咖啡馆、酒吧随处可见，呈现出一派兴旺的景象。20 世纪初期，广州的餐饮名店多达百家，每家都有自己的独特名菜，餐饮市场可谓名菜荟萃、争奇斗艳，"食在广州"已现其形，粤菜发展进入了兴旺期。

（五）粤菜的繁荣期

中华人民共和国成立后，经济发展，政治稳定，人民安居乐业，幸福指数不断提高，内外各种因素影响着广东的餐饮市场，粤菜的发展进入繁荣期，这一时期有以下几个基本特征：
（1）粤菜的服务对象发生了质的改变。
（2）粤菜的开发思路获得解放。
（3）粤菜品种不断创新，层出不穷。
（4）粤菜的影响力不断扩大。
（5）烹饪教育蓬勃发展，粤菜烹调人才迅速成长。
（6）科技发展和学术研究促进了粤菜的改革。

（六）粤菜独树一帜、自成一体的主要原因
（1）丰富的物产为粤菜的发展打下了深厚的物质基础。
（2）长期的经济繁荣、文化交流促进了粤菜的发展。
（3）博采众长、兼收并蓄的开放思想丰富了粤菜的内容。
（4）岭南的地理气候条件、传统习惯形成了当地特殊的饮食习俗。
（5）历代司厨的经验为粤菜的发展做出了贡献。
（6）中华人民共和国的成立赋予了粤菜繁荣的活力与生机。

二、粤菜发展的优势条件

粤菜在中国菜系中脱颖而出，成为中国四大菜系之一，并以其独特的风味和风格享誉世界，是与其拥有众多有利因素分不开的。

（一）地理与物产优势

地理：广东位于中国南端，北依五岭，南临南海，有漫长的大陆海岸线（4 314千米），珠江横穿境内，山地、平原、丘陵交错，形成富饶的珠江三角洲。

气候：地处亚热带，气候温暖，雨量充沛，气候条件优越。

物产、特产：奇花异果遍野，珍禽异兽漫山，海鲜水产生猛，瓜果时蔬长青，家畜家禽满栏，粮油糖酱满仓。所谓"天下所有之食货，粤东几尽有之，粤东所有之食货，天下未必尽有之"。

地理气候条件形成了粤菜的风味特色，而物产、特产之丰富，为粤菜的繁荣、发展奠定了物质基础。

（二）政治与经济优势

政治：对中国历代政权来说，广东虽属边远地区，但因其富饶和地理位置的重要，一直备受中央政府的重视，从秦代起，就从未间断在此建立地方政权。而广州历来都是岭南地区的政治、经济、文化中心，与中原地区保持着紧密的联系。

经济：从唐代起，广州已成为世界闻名的大港口，是海上丝绸之路的重要起源地之一；清代实施海禁政策，广州是唯一对外开放的通商口岸，经济贸易繁荣，也使广州得以首先见识西方饮食文化。中华人民共和国成立后，中国出口商品交易会在广州举办；改革开放，广东是前沿；全国最先创立的四个经济特区，广东占三个；经济迅速发展，国民生产总值和国民收入名列全国前茅。粤菜的发展得益于经济的腾飞，获得了迅速发展的良机。

（三）历史与文化优势

历史：秦代之前，广东属荒蛮之地，但秦朝之后，广东地区政治、经济、文化迅速发展。南越归汉后，大批中原汉人南下，汉越民族和睦相处，彼此融合，社会稳定，使得以越人饮食风尚为基础的粤菜能大量吸收中原饮食文化精华，形成了兼收并蓄的包容风格。

文化：中原饮食文化与岭南饮食文化的结合，使得粤菜的发展深受中原饮食文化的影响。此外，广州菜、潮州菜、客家菜三个相互联系又各有特点的地方菜系，使粤菜的风味内涵更加充实。再者，广州是全国重要的对外通商口岸，除了经贸繁荣之外，也给粤菜留下了明显的西餐印记。

（四）理论与技术优势

理论：①西汉时期，已有杂食的理论（观点）；②"有传统，无正宗"的思想，具有开创求新的精神；③"急火快炒，仅熟为佳"成为历代师训；④力主清淡、原汁原味、崇尚鲜味的调味理论；⑤荤素搭配、协调一致的配菜理论。

技术：技术力量雄厚，名师名厨辈出。如近代名厨梁贤、康辉、杨贯一、黄振华等。粤菜名厨在世界、全国烹饪大赛中获奖无数。

粤菜技术人才的两大特点：①名厨具有广泛性；②名厨日趋年轻化。

（五）风味与品种优势

风味：风味明显，特点突出，既有总体风味特点，也有地方风味特色。

品种：传统品种繁多，各地方菜、名菜数不胜数（如《中国名菜集锦》共九卷，广州名菜就占了两卷；日本在我国拍摄了一套介绍中国饮食文化的纪录片，共五部，其中一部就是《食在广州》）。此外，创新品种层出不穷。

（六）群众基础与声誉优势

群众基础：①广东人讲究饮食，以美食为乐事，"民以食为天"，食不只是为了果腹，更是为了享受；②广东人对菜点质量的挑剔，对新原料、新食法、新菜品的好奇，对菜品鲜美滋味、特殊味道的追求，都达到了无以复加的地步；③广东人（主要是城镇的居民）不但会食，还会做；④名菜美点评比和美食节都是广州首创（1956年已有名菜美点评比，1987年开始举办广州国际美食节）。

声誉：①早在明清时期，粤菜已是影响甚广的大菜帮，为四大菜系之一；②"食在广州"在清末民初已得到确认；③粤菜在海外的影响，是众多地方菜系中最早、最广的。外国人到中国旅游，第一乐事就是享用中国美食，而首选是粤菜；④不少华人在国外从事餐饮业，而多数华人餐馆经营的是粤菜；⑤改革开放以来，粤菜遍布全国各地，在众多菜系中颇受欢迎，食客大都以品尝粤菜为最大享受，粤菜厨师的身价也非常高。

三、粤菜的组成和粤菜的特点

（一）粤菜的组成

粤菜以广州菜为代表，由广州菜、潮州菜和东江菜组成。

1. 广州菜

广州菜又称为广府菜，以珠江三角洲为主，影响全省各地。广州地处广东省的中心，是省会城市和全国重要的对外通商口岸，同时也是华南地区的政治、经济和文化中心，集全省，尤其是珠江三角洲地区的饮食文化大全，素有"食在广州"之美誉。

无论是在历史发展的进程，还是在烹调技艺、品种创新、理论研究、从业人员各方面，广州菜始终都走在前面，对其他地方菜的发展起着带动和促进的作用，覆盖的范围在粤菜三个组成部分中是最广的。因此，广州菜是粤菜的代表。

广州菜的主要特点有：

（1）选料精奇，用料广泛，品种繁多。

（2）口味讲究清鲜、爽脆、嫩滑。

（3）制作考究，善于模仿变化。

（4）注重火候，追求"镬气"①和香味。

（5）宴席菜品讲究规格、配套和上菜排序。

（6）擅长炒、油泡、焗焗、煲、烤、烩、浸等烹调技法，名菜众多。

代表菜：白切鸡、脆皮烧鹅、白云猪手、化皮乳猪、白灼海虾、生焖香肉、八宝扒鸭、香滑鲈鱼球、清汤鱼肚等。

2. 潮州菜

潮州菜发源于潮汕平原，不但覆盖整个潮州地区，还包括所有讲潮州话的地方。潮州是历史名镇，故以潮州菜称之。潮州菜影响甚广，包括闽南地区和东南亚等有潮汕人聚居的地方。

潮州菜的主要特点有：

（1）选料广博，用料讲究，尤以海产为主。

（2）注重刀工，拼砌整齐美观。

（3）汤菜功夫独到，口味清醇，注重保持原料鲜味，偏重香、鲜、甜。

（4）主要烹调方法有炊、焖、炖、烙、炸、炒、卤等。

代表菜：烧雁鹅、卤水鹅头、云腿护国菜、酥香果肉、翻砂芋头、潮州卤水鹅、豆酱焗鸡、明炉烧响螺、干煎虾筒等。

潮州特色的三多：①海产品多，以烹制海产见长；②素菜多，烹制素菜的特色是"素菜荤做""见菜不见肉""有味使其出味，无味使其入味"，素菜美味甘

---

① 镬气：粤方言，即锅气，指用锅烹调食物时，运用猛烈的火力保留食物的味道及品味，并配合恰当的烹调时间，制成色、香、味俱全的菜肴。

香芳醇；③甜菜多，甜菜分为清甜与浓甜两类，清甜一般为甜汤羹类，浓甜一般为羔烧蜜饯类。

潮菜的筵席特色：①喜庆筵席一般有 12 道菜。②筵席有两道甜菜，一道作头菜，称"头甜"；一道作押尾，称"尾甜"。头道是清甜，尾道是浓甜，寓意日子由头甜到尾，而且越过越甜。③ 筵席间有两道汤、羹菜，席间穿插潮汕工夫茶，既有地方特色，又符合饮食规律，使筵席有韵律和节奏感。④筵席在上菜完毕时，赠送咸菜和潮州粥作为压酒。⑤ 筵席多有酱碟佐食。

3. 东江菜

东江菜又称客家菜。东江流域多为客家人聚居，以客家菜为主，主要影响梅州地区和惠阳地区，又可分为兴梅派和东江派。兴梅派主要为梅州地区，保留中原饮食风味，主咸重油，汁浓芡大。东江派即原来的惠阳地区，受广州菜影响较大，品种变化较为多样，口味偏甜，讲究鲜爽，注重镬气。

东江菜的主要特点有：

（1）菜品主料突出，配料不多，朴实大方。

（2）善烹禽畜肉类。

（3）口味上主咸，偏香，偏浓郁，重油。

（4）砂煲菜很出名，乡土气息浓厚。

三大地方菜是粤菜的主要组成部分，既有相同的风味，又有各自的特色，由于所处地域不同，历史进程不同，风味也就有所差别。正是这种差别，丰富和充实了粤菜的内容，开阔了粤菜的领域，拓展了粤菜的形象，使地方菜互相交融促进，争相辉映，各自出彩。

（二）粤菜的特点

粤菜是中国四大菜系之一，与鲁菜、川菜、苏菜齐名，其特点相当鲜明。了解粤菜的风味特点，是我们学习制作粤菜的前提。

1. 选料广博奇杂

（1）物产丰富，可选的原料自然就多。北有名贵山珍，南有生猛海鲜。珠江三角洲是富饶的鱼米之乡，加上商贸发达，各地引进烹饪原料非常便利，为粤菜广泛地选择原料创造了良好的物质条件。

（2）可选原料多，选料自然就精细。用料一是讲究地方性，即选用地方特产；二是讲究季节性，"不时不食"；三是选用原料最佳部位，强调原料的合理使用。既然选料精细，菜肴质量自然也就有了保证。

（3）自古有杂食、猎奇的饮食习性。但近年来，这样的饮食习惯已有所改变。

2. 烹调技法以我为主，博采众长；为我所用，创新不断

（1）基本烹调技法源于当地民间和传统工艺，并以当地烹调技法为主，如蒸扣、炒、煲炖、焖焗、烧卤等。

（2）融合中原先进的烹调技法和西方外域的烹调技艺精华，形成兼收并蓄、

为我所用的开放观念，很多烹调方法和菜肴品种都有明显的外来技艺的影子。

（3）广泛吸收中外的烹调技艺精华，结合当地的物产、气候特点和习俗，加以融合、移植、改造，形成一套自己完整的技艺体系和独特的烹调特色，独树一帜。

3.清、鲜、爽、嫩、滑的南国风味，夏秋主清淡，冬春偏浓郁

（1）粤菜的清。

粤菜的清是有味道的清淡、清鲜，是清爽不腻的清，绝非清寡如水，淡而无味，而是清中求鲜，淡中有味，追求食物特有的原汁原味。

（2）粤菜的鲜。

粤菜的鲜是原料新鲜的鲜、味道鲜美的鲜以及自然原味的鲜。保持原料鲜味，追求鲜味是粤菜与其他地方菜系风味相比最为突出的特点。鲜味是粤菜菜品滋味的灵魂，是烹调味道的最高境界，是品味食物的最美享受。

（3）粤菜的爽、嫩、滑。

这是粤菜菜品最突出的口感和质感。爽是清爽、爽嫩、爽脆、爽甜、爽滑，一种有弹性的感觉。嫩是质地细嫩、细腻的表现，是软而不糯、稔而不烂的感觉。滑是一种不粗糙、不扎口的口感，有嫩滑、爽滑、软滑、稔滑等。

（4）夏秋主清淡，冬春偏浓郁。

粤菜以清淡为主，但不是一味清淡，而是四季有别。夏秋酷暑炎热，决定了人们的口味以清淡为主；冬春寒冷，而且是湿冷，虽然时间较短，却正是人们进补的时机，味道偏于浓郁。广东夏长冬短，使得人们在总体口味上还是以清淡为主。

清、鲜、爽、嫩、滑是南国浓厚的风味特色，也适合气候地理环境，粤菜风味的这种追求讲究，正说明粤菜对菜肴的出品质量提出了极高的要求，这也是其他菜系难以比拟的。

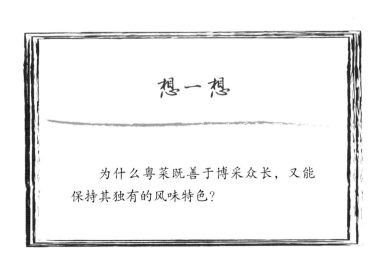

想一想

为什么粤菜既善于博采众长，又能保持其独有的风味特色？

项目 3
火候知识

学习目标

1. 能够区别不同的传热介质、传热方式对原料的影响。
2. 能够识别油温和掌握油温的变化。
3. 培养掌握火候的能力（认识能力和实践能力）。

前置作业

1. 了解有关火候的概念。
2. 了解掌握火候的一般方法及原则。
3. 了解热源、传热方式、传热介质及加热过程中原料的变化。

　　火候的运用关系到菜肴的质量，是烹调技术的关键环节。火候知识包括对火力与火候各要素的理解与掌握，烹调时的热源、传热方式、受热时间及原料在烹调中的变化等内容，是烹调技术的重要组成部分。

一、火候的概念

烹饪原料在烹调过程中，根据菜肴的质量要求，原料的性质、形状和数量等因素，运用不同的传热介质，通过一定的加热方式和经过一定的时间，把热量传给烹饪原料，使其发生一系列的物理变化，由生至熟，而使菜肴达到在色、香、味、形、质、养等方面的要求，最后制成菜肴成品。

简单地说，火候是指在烹制过程中，烹饪原料制成菜肴所需的温度高低、时间长短和热源火力的大小。由于温度高低与热源火力大小是成正比的，人们往往会将两者合称为火力，而时间长短则由原料受热程度，即原料色、香、味、形、质等变化的程度来决定。

二、火力与火力的鉴别

（一）火力的概念

火力是指一个烹调过程中提供即时热量的多少，也是指各种能源经物理或化学变化转变为热能的程度。火力是组成火候的一个重要因素。

（二）决定火力的因素

中式烹调多用明火，其火力的大小、强弱受各种因素影响，如：

（1）燃料的种类、质量、数量。

（2）助燃的情况，如空气（氧气的供给）。

（3）炉灶结构、种类。

（4）电能的强度（功率）。

（三）火力的鉴别

根据燃料燃烧时的直观特征和温度，可分为慢火、中火、猛火三种基本情况（也有人将其分为微火、小火、中火、旺火四种情况）。

（1）慢火。又称文火，火焰细小晃动，呈暗红色，热力较弱，一般加热时间较长，适宜炖、煲、焗、煎等烹调方法和菜肴的保温。

（2）中火。又称文武火，火焰较旺，晃动不大，呈红白色，光度较亮，热力较强，适宜炸、煮、焖、煸等烹调方法。

（3）猛火。又称武火、旺火，火焰猛烈，不晃动，呈黄白色或蓝白色，炽热耀眼，热力逼人，适宜炒、爆、滚等烹调方法。

以上三种火力，只是根据人的感官对火力表面（燃烧现象）的描述的划分，而在烹调实践中，火力的使用往往要根据需要进行交替或重复使用，不能一成不变。正确运用火力就是要根据原料的性质和菜品的要求，掌握在加热过程中火力的变化对菜肴的作用和影响。

（四）准确运用火力的要求

（1）根据烹调方法的要求运用火力。

（2）根据原料的性质运用火力。

（3）根据菜品的品质要求运用火力。

（4）根据原料数量运用火力。

（5）根据原料形状大小、厚薄运用火力。

（五）火力的判断方法

（1）使用温度测量器具判断。

（2）根据炉火的燃烧状况判断。

（3）根据产生的蒸汽量判断。

（4）根据传热介质的特别状态判断。

三、火候的要素及影响火候的因素

（一）火候的要素

（1）热源的火力。

（2）传热介质的温度。

（3）加热时间。

三个要素相互作用，协调配合，改变其中任何一个要素，都会对火候的功效带来较大的影响。

（二）影响火候的因素

（1）烹饪原料形状对火候的影响。

（2）传热介质用量对火候的影响。

（3）烹饪原料投料量对火候的影响。

（4）气温对火候的影响。

四、掌握火候的一般方法与原则

所谓掌握火候，就是根据不同的烹调方法和烹饪原料的成熟状态对传热容量的要求，控制好加热温度和加热时间，使其达到最佳状态的技能。

（一）掌握火候的方法

（1）通过烹调器具如锅、镬（粤方言，指平底锅）、煲等的受热状况判断火候。

（2）通过烹调菜肴过程中传热介质的变化（主要是油、水、蒸汽等的变化）判断火候。

（3）通过原料成熟程度判断火候。

（4）运用掌锅技巧掌握火候。

（二）掌握火候的原则

（1）质老形大的原料需用慢火，长时间加热。

（2）质嫩形小的原料需用猛火，短时间加热。

（3）成菜质感要求脆嫩的需用猛火，短时间加热。

（4）成菜质感要求软稔的需用较慢火，长时间加热。

（5）以水传热：成菜要求软嫩、脆嫩的需用猛火，短时间加热；成菜要求软稔的需用中火，稍长时间加热。

（6）用蒸汽传热：水产品、胶馅原料需用猛火加热；禽畜肉料需用中火加热；蛋类原料需用慢火加热，一般至刚熟即可。

（7）用油传热：泡油油温偏低，短时间加热；炸油油温偏高，长时间加热。对火候的掌握主要视油温高低而定。

（8）火候掌握要视原料性状、菜品要求、传热介质、手法熟练程度等几种因素而定，灵活运用。

五、热源、传热方式与传热介质

（一）热源

1. 热源的概念

热源是指热能的来源，通常是指能燃烧并发出热量的物体，也包括一些可以转变为热能的其他能量。

2. 热源应具备的条件

（1）热量充足。

（2）便于调节。

（3）使用便利。

（4）无污染或少污染。

（5）使用安全。

3. 热源种类

（1）固态热源（如木材、柴草、煤等）。

（2）液态热源（如柴油、酒精、汽油等）。

（3）气态热源（如石油气、天然气、沼气、煤气等）。

（4）能态热源（非直接燃料，但可以转变为热能，如电能、太阳能等）。

（二）传热方式

1. 传热方式的概念

传热是一种复杂现象，从本质上来说，只要一个介质内或者两个介质之间存在温差，就一定会发生传热。我们把不同类型的传热过程称为传热方式。在烹调过程中，热源常以传导、对流、辐射三种方式令食物原料得到热能而成熟。

2. 传热的三种基本方式

（1）传导。传导是指物体各部分无相对位移或不同物体直接接触时，依靠物质分子、原子及电子等微粒的相互撞击，使热能从物体温度较高部分传至温度较低部分的现象。

（2）对流。对流是指依靠液体、气体的流体运动，把热能从一处传到另一处的现象。

（3）辐射。辐射是指依靠物体表面对外发射可见或不可见的射线（电磁波或光子）来传递热能的现象。

（三）传热介质的特点

传热介质是指将热源的热能传给烹饪原料的媒介，又称为传热媒介。烹调常用的传热介质有水、油、蒸汽、空气、锅、盐等。

（1）水。

烹调中最常用的传热介质，主要以对流的方式传热，具有以下特点：

①沸点低，导热性能好。

②比热容大，易操作。

③传热均匀。

④容易对原料进行调味。

⑤化学性质稳定，不会产生有毒物质。

⑥会造成一定营养成分的损失。

（2）食用油。

利用食用的植物或动物油脂作为传热介质，主要以对流的方式传热，具有以下特点：

①沸点高，储热性能好，加热均匀迅速。

②温差大，适用性广，可适应多种不同的烹调要求和原料性状。

③便于造型和增加菜肴营养。

④可使原料表面上色。

⑤能使原料脱水，达到酥、松、脆，并产生焦香气味。

⑥会造成维生素的损失及产生一些有害物质。

（3）蒸汽。

以蒸汽作为传热介质时，需要在密封的环境中，因而又分为低压蒸汽、常压蒸汽和高压蒸汽三种类型。其传热主要以对流的方式进行，具有以下特点：

①传热迅捷有致、均匀、稳定。

②加热、保温、保质、保味、保形。

③加热过程不能调味，原料在加热中也不易入味。

④卫生清洁。

（4）干热气体。

以干热气体作为传热介质，一般用于熏烤等烹调方法，往往会与热辐射同时进行。其传热主要通过热对流的方式进行，具有以下特点：

①传热均匀、稳定、迅速。

②使原料表面干燥变脆，形成熏烤食品的独特风味。

③加热温度高，无温度上限，可形成高温气体。

④烟气传热可以将香味物质吸附在原料上，使食物具有特色风味。

（5）固体物质。

以固体物质作为传热介质主要依靠传导受热，常见的有烹调器具、泥沙、石块、粗盐粒、竹筒和铁板等。这种方法原则上要求传热介质传热迅速，储热容量大，无毒、无害、无异味，使用方便，能形成某种风味特色。主要具有以下特点：

①受热均匀性稍差，温度不易控制。

②菜肴成品形成独特风味。

③要防止传热材料直接黏附和污染烹饪原料。

④加热时温度会比较高，原则上温度无上限，因此要控制好热源温度与加热时间。

（6）辐射。

烹调时的热辐射主要由红外波段的直接热辐射和间接致热的微波辐射两类辐射组成，主要具有以下特点：

①要求热源有较高的温度。

②传热迅速，无须介质传递。

③清洁卫生，不易发生介质污染。

④有穿透烹饪原料的能力，使之从内受热。

⑤加热过程中不能调味。

六、烹饪原料在烹制过程中的变化

烹饪原料在烹制过程中会发生各种物理和化学变化，在物理、化学的作用下，其形状、色泽、质地、风味等均有所变化。具体的变化将依照原料的种类、性质、形态，以及火候的运用，加热环境等因素而定。

（一）分散作用对原料的影响

1. 分散作用的含义

分散作用是指烹饪原料成分从浓度较高的地方向浓度较低的地方扩散（还包括成分的溶解分散），属于物理变化。

2. 分散作用对原料的影响

例1：制汤时，汤料的水分受热后，其分子加速运动，促进了分散作用，可促使汤中的各种成分均匀分布，达到一定的浓度。

例2：蔬菜和水果细胞中富含水分，细胞间起连接作用的植物胶素硬而饱满，加热时胶素软化溶解于水中成为胶液，同时细胞破裂，其中部分营养成分（维生素、矿物质等水溶性物质）也溶解于水。因此，其汤汁也含有非常丰富的营养素。

例3：淀粉在水中被加热到60℃～80℃时，会吸水膨胀分裂，形成体积膨大、均匀、黏度增大的胶状物，这是淀粉的糊化，是受分散作用影响而产生的。

（二）水解作用对原料的影响

1. 水解作用的含义

水解作用是指烹饪原料在水中加热或非水物质中加热，使营养素在水的作用

③味的相乘现象：指两种相同味道的呈味物质共同使用时，其味感增强的现象。

④味的变调现象：指多种味道不同的呈味物质混合使用，导致各种呈味物质的本味均发生转变的现象。

（二）味

1. 味的概念

味是指物质所具有的能使人得到某种味觉的特性，如咸味、甜味、酸味、苦味、辣味、鲜味等。

2. 味的分类

（1）单一味。

单一味也称基础味、单纯味，是最基本的滋味，即只用一种味道的呈味物质调制出来的滋味，如用盐调出来的是咸味，用糖调出来的是甜味，用醋调出来的是酸味等。

（2）复合味。

复合味是指用两种或两种以上的呈味物质调制出来的具有综合味感的滋味，也是除原料本味以外由多种调味料之间复合形成的滋味。

（3）味型。

菜肴的味型是用两种以上主要调料调配而成的具有各自本质特征的风味类型。

3. 主要调料在烹调中的应用

（1）食盐。

食盐是经常使用的咸味调料，也是能独立调味的基本调料。食盐在调味中起着举足轻重的作用，大部分菜肴在调味中都要用到食盐，食盐用得是否恰当往往成为调味的关键，故食盐有"百味之王""上味"的美称。

食盐的主要成分是氯化钠，是呈颗粒状的白色晶体，有海盐和矿盐之分，由于加工的不同，也分为粗盐、细盐、加碘盐（精盐）等。食盐咸味醇正，其水溶性有很高的渗透压，容易使原料入味。食盐不仅可以用来调味，还可以用来调配其他复合调味品，如腌制动、植物原料，抑制细菌生长，防止原料腐败变质，等等。

（2）食糖。

食糖是经常使用的甜味调料，它能使菜肴味道甘甜可口，起到调整滋味的作用，同时食糖可以提供人体所需的热能。食糖主要从甘蔗、甜菜中提取，既可以调制单一甜味的菜肴，又可用于调配复合味的菜肴。另外，食糖还可以用来腌制动、植物原料，即糖渍。

（3）食醋。

食醋是经常使用的酸味调料，食醋味酸而醇厚，液香而柔和。食醋的酸味主要来自醋酸（也称乙酸），由于产地品种不同，食醋中所含的醋酸浓度也不同。粤菜常用的食醋有白醋、陈醋、浙醋等。食醋能调和菜肴滋味，增加菜肴香味，去除异味，减少原料中维生素 C 的损失，促进原料中钙、磷、铁等成分的溶解，提高吸收利用率，调节、刺激饮食，促进消化吸收，有一定的营养保健功能。另外，食醋还有一定的抑菌杀菌作用，可用于食物原料的保鲜防腐。

（4）味精与鸡精。

味精与鸡精是经常使用的鲜味调料。味精的主要成分是谷氨酸钠，又称味素，呈白色结晶或粉末状；鸡精是以鸡肉、鸡蛋为主要原料精制的高级调味品，含多种氨基酸，融鲜味、香味、营养于一体，色淡黄，有颗粒状也有粉末状。味精与鸡精都含有一定量的盐分，易溶于水，在烹调中有增鲜、和味与增强复合味的作用，一般不单独使用。味精不宜在高温条件下长时间加热，不宜在碱性、酸性环境下使用。

（5）酱油。

酱油也是经常使用的咸鲜味调料，同时还可以用作调色，分为深色和浅色酱油两大类。酱油是以黄豆、小麦等为原料，经酿造加工而成的棕褐色液体，附着力强。酱油有酱香和脂香气，味鲜美醇厚，主要成分有蛋白质、碳水化合物、盐，含有多种氨基酸，其鲜味程度主要取决于氨基酸的含量。氨基酸态氮比例越高，酱油的鲜味就越浓，质量就越好。

（6）料酒。

烹调菜肴多用酒，主要是增加香气与调和滋味，用于调料的酒称为料酒。料酒一般用绍酒，绍酒属于黄酒类，以糯米或小米为原料酿制而成，主要成分是酯类、醛类、杂醇油等，富含氨基酸，酒精度低于 15°，一般呈黄色或棕黄色，香味浓郁，味道醇厚，是烹调菜肴时最好的烹调用酒。

二、 调味的作用和原则

（一）调味的概念

调味是指在烹调过程中，运用各种调料和施调方法，调和菜肴滋味、香气、色泽的工艺过程。

调味与火候被称为烹调的两大工艺技术。味，一向被称为菜肴的"灵魂"，粤菜也有"食嘢食味道"（意为"吃东西就是品尝其味道"）的俗话，说明菜肴的味道是至关重要的。而味道主要是调制出来的，是烹调技术的一项重要表现，也是衡量菜肴质量的一个重要标准。

（二）调味的作用

（1）去除异味，增加美味。

（2）决定菜肴所要形成的风味。

（3）形成菜肴所需的色泽和香气。

（三）调味的原则

1. 根据菜肴口味和烹调方法的要求准确调味

菜肴的烹调都有成菜口味的质量标准，因而调味必须按标准准确进行，力求投料规格化、标准化，做到同一类菜肴无论制作多少次，其味道基本一致。

2. 根据烹饪原料的性质适当调味

烹饪原料性质各异，要做到因材施味，结合原料特性和成菜口味标准合理调味。一般来说，新鲜的原料或本味较鲜美的原料，要注意突出其本味；异味较重的原料，要注意去除不良的味道；无显著本味的原料，要适当增加鲜味等，以弥补其本味的不足。

3. 根据不同季节因时调味

季节的变化也会引起人们对菜肴口味要求的变化。在较为炎热的季节，人们多需要较为清淡、能刺激食欲的口味；在较为寒冷的季节，人们多需要较为浓郁，偏重、偏厚的口味。因此，应根据气候时节的不同适时调味。

4. 适应地方口味和用餐对象灵活调味

每个地方的风俗、饮食习惯不同，从而形成了有不同口味要求的地方菜系。在当地做菜，要适应当地口味习惯进行调味，不要一味地强调菜系口味的差别；就算是当地菜系厨师在当地做菜，也要适应特殊用餐者的特殊要求以区别对待，如针对不同宗教、民族、地区的用餐者，或身体有某种疾病或不适应者，在调味方面均可按用餐者要求灵活对应，不能一味强调菜系的风味特点。

5. 要掌握调味料特性以正确使用

调味者必须熟悉调味料的特性才能正确调味，调味料品种繁多，就算是同一调味品，也有等级和质量标准的不同，不清楚所用调味品的特性，就无法做到正确调味。调味品的特性主要包括其渗透性、溶解性、受热后（滋味、色泽、香味）变化的状况，还有所含的化学成分及品牌特点等。

三、调味方法与调味过程

（一）调味方法

调味的方法多种多样，一般来说，可按调味的工艺、调味次数、调味的阶段性来划分。

1. 按调味的工艺划分

（1）腌味。

腌味是有目的地把调味料、食品添加剂、淀粉、清水等按分量、次序加入原料中拌匀并腌制一定的时间，使原料着入某种味道。

（2）拌味。

拌味就是在非加热状态下把调味料与原料或菜肴成品拌匀，前者需要再加热成菜肴，后者不需再加热，可直接制成凉拌菜。

（3）加热过程调味。

大部分菜肴的调味是在烹调加热过程中放入调味料，使原料一边受热至熟，一边入味的工艺过程。

（4）随芡调味。

先把调味料用汤或清水溶解，加入淀粉，打芡时一起倒入即将成熟的菜肴中，受热后成芡着味，这是粤菜特有的一种调味方法，称作"碗芡"。按分量调配芡汤，使用时给芡汤加入湿淀粉和其他特定的调味料，用小碗盛装作准备，最后打芡时倒入，既是芡又是味，还有色。使用芡汤调味的特点是：快捷简便，味道统一，着味均匀，外表着味。适用于为炒、泡的菜肴调味。

（5）淋芡和浇汁。

菜肴成熟后装盘，另行调制芡或汁，以此为主味，淋在菜肴上面即可。这种调味方法，突显了其芡或汁的风味。

（6）溜芡和封汁。

溜芡是在锅上调好芡味，成芡后放入已经成熟的成品原料，迅速翻匀上碟的方法，如生炒骨、咕噜肉等。

封汁是先将原料烹熟（多为煎、炸），之后倒入已调配好的味汁，再进行短时间加热，使原料吸收汁液入味而成。如果汁猪扒、煎封仓鱼等。

（7）干撒味料。

将特制的粉状或细颗粒状的调味料，均匀地撒在已烹制成熟的菜肴成品上，也可在锅上加热进行。这种调味料基本处于无水分状态，只能黏附在原料外表面。这种方法多用在烧、炸、煎的烹调技法上。

（8）跟佐料。

佐料是味芡或味汁，统一调制，用味碟盛放，与主菜一起上席，由用餐者自行蘸加以调味。

2. 按调味次数划分

（1）一次性调味。

一道菜只需调味一次即可完成，一般用于制作较为简单的菜肴。

（2）多次性调味。

一道菜需要调味两次或两次以上方可完成。

3. 按调味的阶段性划分

（1）加热前调味。

（2）加热过程中调味。

（3）加热后调味。

（二）调味过程

调味的过程按菜肴制作的程序可分为三个阶段，各阶段的调味都有其不同的特点和使用范围。

1. 加热前调味

在加热原料前的调味属于基础味，主要是指腌味和对在加热过程中不能调味的原料调味。加热前调味具有不可试味性。

2. 加热过程中调味

在加热原料过程中的调味属于定型味。制作菜肴时多数在加热过程中调味。

3. 加热后调味

加热原料后的调味属于补充调味。其目的是完善前阶段调味的不足，使菜肴的滋味更完美或更有特色。

上述三个阶段的调味是紧密联系在一起的，制作菜肴时既可以在一个阶段完成调味，也可以通过三个阶段共同完成调味，其目的主要是确保菜肴达到理想的调味要求。

四、粤菜常用自配酱汁

粤菜中，现成的调味品中经常会加入一些香料原料，制成独特的调味酱汁，既方便了调味，又丰富了菜肴风味，而且颇具特色。酱汁可分为酱、汁、卤水三类。

（一）酱类

1. 豉汁酱

原料：豆豉 500 克、老抽 100 克、白糖 100 克、蒜蓉（也称蒜茸）150 克、生油 150 克。

制法：

（1）将铁锅烧热，把制成蓉的豆豉放入，中慢火把豆豉蓉炒至透、干爽并香。

（2）热锅下油，加入蒜蓉，爆至微黄色，放入炒过的豆豉蓉，加入老抽、白糖拌匀，铲至绵软，盛装后用生油封面，可放置较长时间。

2. 煲仔酱（红烧酱）

原料：柱侯酱 500 克、磨豉酱 250 克、海鲜酱 100 克、花生酱 75 克、芝麻酱 75 克、蚝油 50 克、白腐乳 50 克、冰糖 50 克、蒜蓉 50 克、干葱头 100 克、陈皮末 10 克、五香粉 20 克、味精 25 克、生油 250 克。

制法：

（1）将各种酱按配方分量备齐、和匀。

（2）热锅下油，爆香蒜蓉、干葱头至微黄色，加入各种已和匀的酱料，以及冰糖、味精、香料、油等，加热调匀便成。

3. 百搭酱（XO酱）

原料：豆瓣酱 500 克、白糖 50 克、味精 50 克、鸡精 50 克、蒜蓉 500 克、干葱头蓉 500 克、指天椒粒 500 克、火腿蓉 250 克、碎瑶柱 250 克、碎虾米 250 克、碎咸鱼 250 克、虾子 50 克、碎红辣椒干 50 克、生油 250 克。

制法：先用油将蒜蓉、干葱头蓉爆香，然后依次加入各种原料、味料、生油，加热调匀便可。

（二）汁类

1. 芡汤

配方 A：上汤 500 克、味精 35 克、精盐 25 克、白糖 5 克。

配方 B：淡汤 500 克、味精 35 克、精盐 30 克、白糖 15 克。

配方 C：清水 500 克、鸡精 20 克、味精 35 克、精盐 25 克、白糖 15 克。

制法：将配方中的原料混合加热煮溶即可。

2. 糖醋汁

配方 A：白醋 500 克、片糖 300 克、茄汁 35 克、喼汁 35 克、精盐 18 克。

配方 B：白醋 500 克、片糖 300 克、茄汁 75 克、喼汁 35 克、山楂片 50 克、精盐 18 克。

制法：将配方中的原料混合加热煮溶即可。

3. 果汁

原料：茄汁 1 500 克、喼汁 500 克、白糖 100 克、味精 100 克、精盐 10 克、淡汤 500 克。

制法：将以上原料混合加热煮溶即可。

4. 香橙汁

原料：浓缩橙汁 500 克、白醋 500 克、白糖 400 克、精盐 50 克、清水 1 500 克、鲜榨橙汁 250 克、吉士粉 40 克。

制法：将以上前 5 种原料混合加热煮溶，再加入鲜榨橙汁即可。

5. 柠汁

原料：浓缩柠檬汁 500 克、白醋 250 克、白糖 200 克、精盐 15 克、味精 10 克、清水 600 克、鲜榨柠檬汁 300 克。

制法：将以上前 5 种原料混合加热煮溶，再加入鲜榨柠檬汁即可。

6. 煎封汁

原料：淡汤 1 250 克、喼汁 1 000 克、生抽 100 克、白糖 50 克、老抽 75 克、精盐 25 克、味精 25 克。

制法：将以上原料混合加热煮溶即可。

7. 京都汁

原料：镇江醋 1 000 克、浙醋 500 克、白糖 900 克、茄汁 250 克、清水 500 克、精盐 50 克、味精 50 克。

制法：将以上原料混合加热煮溶即可。

8. 西汁

原料：洋葱 250 克，芫荽、香芹、土豆、胡萝卜各 500 克，番茄 2 500 克，猪骨 1 500 克，干葱头 125 克，蒜头 125 克，生葱 125 克，清水 1 500 克，味精 200 克，白糖 150 克，茄汁 1 250 克，喼汁 300 克，果汁 300 克，精盐 100 克。

制法：

（1）先将洋葱、香芹、芫荽、土豆、胡萝卜、干葱头、蒜头、生葱、猪骨等加入清水中熬制约 2 小时，滤去汤渣，成汤约 5 000 克。

（2）往熬好的汤里加入鸡精、白糖、精盐、茄汁、喼汁、果汁等，调均匀后加热煮溶便成。

（三）卤水类

1. 精卤水

原料：

（1）卤水药材（八角 75 克、桂皮 100 克、甘草 100 克、草果 25 克、丁香 25 克、沙姜 25 克、陈皮 25 克、罗汉果 1 个）。

（2）红谷米 150 克、姜件 100 克、葱白 250 克、生油 100 克、生抽 5 000 克、冰糖 2 500 克（或白糖 4 000 克）、精盐 100 克、绍酒 2 500 克。

制法：

（1）将卤水药材用纱布袋装好扎紧，红谷米另用袋装好扎紧。

（2）将卤水药材（原袋）用清水略滚后取出。

（3）热锅下油，爆香姜件、葱白后，加入绍酒、生抽、冰糖和精盐，放入卤水药材袋、红谷米袋慢火滚约 30 分钟便成。

2. 一般卤水

原料：卤水药材 1 袋（分量与精卤水相同）、红谷米 1 袋（150 克）、生抽 3 000 克、清水 1 500 克、绍酒 2 500 克、冰糖 2 000 克（如白糖要 3 000 克）、精盐 150 克、姜件 100 克、葱白 250 克、生油 100 克。

制法：与精卤水相同。

3. 白卤水

原料：八角 30 克、沙姜 15 克、丁香 30 克、桂皮 30 克、草果 30 克、花椒 30 克、甘草 30 克、精盐 250 克、清水 5 000 克。

制法：

（1）将卤水药材用纱布袋装好扎紧，用清水滚过后取出。

（2）将 5 000 克清水烧滚，放入卤水药材，转用慢火加热约 1 小时后，加入精盐便成。

4. 潮州卤水

原料：卤水药材（川椒 200 克、八角 250 克、桂皮 150 克、甘草 200 克、陈皮 750 克、草果 150 克、丁香 50 克、小茴香 100 克、芫荽子 100 克、胡椒粒 100 克）、清水 5 000 克、精盐 750 克、片糖 2 500 克、绍酒 1 000 克、老抽 500 克、玫瑰露酒 1 000 克、肉排 5 000 克、老鸡 2 000 克、猪脷肉 4 000 克、猪脚 1 000 克、南姜 4 000 克、蒜头 300 克、香茅草 300 克、干葱头 300 克、芫荽头 300 克。

制法：

（1）将卤水药材用纱布袋装好扎紧，用清水滚过后取出。

（2）往清水中加入各种肉料及南姜、蒜头、干葱头、芫荽头、香茅草等，熬制 3 小时成汤，并去掉汤渣。

（3）汤水中放入卤水药材袋，慢火加热 30 分钟，加入片糖、精盐、玫瑰露酒、绍酒，煮溶即可。

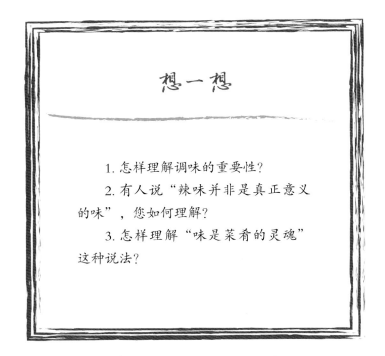

想一想

1. 怎样理解调味的重要性？

2. 有人说"辣味并非是真正意义的味"，您如何理解？

3. 怎样理解"味是菜肴的灵魂"这种说法？

模块二

原料预制加工和排菜技巧

项目 5
原料初步熟处理技术

学习目标

1. 掌握原料初步熟处理技术的具体内容。
2. 掌握原料初步熟处理的操作方法。

前置作业

原料的初步熟处理包括哪些内容？

一、烹饪原料的初步熟处理

（一）烹饪原料初步熟处理的含义

烹饪原料初步熟处理是根据成品菜肴的制作要求，在正式烹调前运用水、油、蒸汽等传热介质对加工后的原料进行加热，使其达到半熟或成熟的状态，以方便后期烹制的一个预加热过程。

（二）烹饪原料初步熟处理的作用

（1）原料初步熟处理是菜肴正式烹调前的一个重要环节。

（2）为正式烹制菜肴做好前期的预制准备，缩短菜肴烹制的时间，为整个菜肴烹制过程打下基础。

（3）直接关系到成品菜肴的质量，具有一定的技术性。

二、原料初步熟处理的操作方法

（一）飞水

1. 飞水的含义

飞水又称出水、水锅、焯水等，是指把经过加工的原料放入用猛火加热至滚的清水中，短时间内加热的过程。

2. 飞水的作用（目的）

（1）去除肉料的血水、潺液、异味。

（2）使蔬菜保持色泽鲜艳、翠绿。

（3）去除原料中的部分水分，使其收缩定型。

3. 飞水的操作要领

（1）了解掌握原料飞水的目的（作用）。

（2）猛火加热清水，水滚下料，不要求至熟，达到飞水目的便可。

（3）根据原料的不同性质，掌握飞水的水量、温度和时间。

4. 飞水的操作程序

猛火把水烧滚—放入原料—达到目的—倒起（冲冷水）—滤清水分。

5. 飞水操作实例

（1）动物内脏原料的飞水。

（2）一般肉料的飞水。

（3）鲜鱿鱼、黄鳝片的飞水。

（二）滚

1. 滚的含义

滚就是将原料放入量多的水中加热一定时间并成熟的过程。

2. 滚的作用（目的）

（1）使原料至熟或成熟到一定的程度，以方便烹制。

（2）去除原料较重的异味。

（3）防止原料变质，方便原料保管。

3. 滚的操作要领

（1）一般使用猛火，加热时间视原料性质和目的而定。

（2）可以冷水下料，但多数是水滚后下料（即冷水滚和热水滚）。

（3）部分原料滚时要加味或加油。

（4）可反复换水滚。

4. 滚的操作程序

冷水滚：猛火烧水—下料—滚熟或滚透—倒起—滤清水分。

热水滚：猛火烧水至滚—下料—滚熟或滚透—倒起—滤清水分。

5. 滚的操作实例

（1）滚笋、滚鲜菇、滚西蓝花等。

（2）滚剩汤（芡汤、上汤等）。

（3）滚熟料（炸支竹、面筋、斋料等）。

（三）炟

1. 炟的含义

炟，是粤菜特有的初步熟处理方法，指将原料放在加了食用油或食用碱的滚水中，用猛火加热，使其青绿、稔滑或去衣去皮的加热过程。

2. 炟的作用（目的）

（1）使绿色的蔬菜原料更加青绿。

（2）使原料变软、变稔。

（3）使有衣的原料（果仁）去衣、易松脆。

（4）使米粉或面制品松散、变软。

3. 炟的操作要领

（1）清水与食用碱要有分量比例。

（2）炟的过程要用猛火，水大滚后下料，掌握炟的时间。

（3）炟后的原料要漂水，以便其迅速冷却并去除碱味。

4. 炟的操作程序

猛火烧水—加入食用油（食用碱）—大滚放入原料—加热一定时间—捞起漂水—去除碱味—滤清水分。

5. 炟的操作实例

（1）炟凉瓜。

放入 5 000 克清水，加入 70 克枧水（也作碱水，纯碱减半），猛火加热至大滚，放入经加工处理后的凉瓜，炟约 2 分钟至凉瓜软稔、青绿，迅速捞起漂清水，再捞起滤清水分即可。

（2）炟芥菜胆。

放入 5 000 克清水，加入 70 克枧水（纯碱减半），猛火加热至大滚，放入芥菜胆，炟约 1 分钟至软稔、青绿，迅速捞起漂清水，洗去腐叶排整齐即可。

（3）炟干莲子。

将干莲子浸透，加入枧水 50 克，腌约 5 分钟后，倒入滚水中，猛火炟至莲子衣易脱去，捞起放入清水中漂洗，去清莲子衣后捞起，再去掉莲子芯便成。

（4）炟面。

用猛火将清水加热至大滚，放入面饼、生面或湿面，猛火炟至面软身，捞起用清水漂冷即可。

（四）煀

1. 煀的含义

煀是指用猛火烧热铁锅，下少量油，放入姜件、葱条爆透，潲酒，加入二汤，调味，稍滚后去掉姜葱，加入原料煀一定时间，从而使其入味的加热过程。

2.煨的作用（目的）

（1）增加原料的滋味（如鲜味、咸味）。

（2）增加原料的香味。

（3）进一步去除原料的异味。

3.煨的操作要领

（1）猛火烧锅下油，将姜葱爆香后灒酒。

（2）加入二汤滚透姜葱，去掉姜葱。

（3）加入调味料，将原料加热一定时间，加热时间视原料性质而定。

4.煨的操作程序

烧锅下油—爆姜葱—灒酒—下二汤滚—去掉姜葱下调味料—放入原料—加热一定时间—取出原料。

5.煨的操作实例

（1）煨鱼肚（海参、鱼翅等）。

（2）煨鲜菇。

（五）炸

1.炸的含义

炸作为原料初步熟处理的方法之一，是将原料放入较高油温的食用油中加热至香脆、着色并熟的过程。

2.炸的作用（目的）

经初步熟处理炸后的成品，虽可以直接食用，但一般都作为半制成品，不算是菜肴。

（1）使原料香酥脆（如炸果仁等）。

（2）使原料着色（如炸扣肉等）。

（3）使原料涨发（如炸鱼肚等）。

（4）使原料定型，快熟易稔，增香等（如炸芋巢、炸瓜脯、炸芋头等）。

3.炸的操作要领

（1）了解原料的性质和炸的目的。

（2）掌握好炸的油温，原料受热的程度（时间）。

（3）掌握炸原料的质量要求。

（4）注意安全。

4.炸的操作实例和操作程序

（1）炸腰果（或核桃仁、榄仁、花生仁）。

用水加盐将腰果滚透（可换水滚）—捞起滤清水分—下油加热至180℃—放入腰果—浸炸（边炸边翻动）—至呈金黄色、松脆—提升油温迅速捞起—摊开、滤清油分。

质量要求：呈金黄色、松脆。

（2）炸土豆片。

切土豆片—用清水漂透—捞起滤清水分—烧油约 180℃—放入土豆片—浸炸（边炸边翻动）—至呈金黄色、松脆—提升油温迅速捞起—摊开、滤清油分（炸土豆丝、炸慈姑片基本相同）。

质量要求：金黄色、松脆。

（3）炸芋巢。

切芋丝—用盐腌软—用清水漂洗—滤清水分—用干生粉拌匀—用模具摆砌—烧油约 180℃—芋巢（连模具）放入油内—定型后浸炸（脱离模具）—至呈金黄色捞起、滤清油分（炸其他巢状物方法基本相同）。

质量要求：成巢型、金黄色、松脆。

（4）炸瓜脯。

切瓜脯—烧油约 210℃—放入瓜脯—炸约 1 分钟—捞起漂水至半透明—捞起。

质量要求：透明、稔身。

（5）炸扣肉。

原件有皮的花肉煲至 7 成稔—取出上老抽色—皮面用针扎洞眼—烧油约 240℃—放入猪肉（用笊篱托住、皮向下）—炸至大红色—捞起滤清油分—漂水冷却（炸凤爪等基本相同）。

质量要求：具有一定软稔度，皮色大红。

（6）炸支竹。

支竹用清水浸软（也可蒸软）—剪段—烧油约 180℃—放入支竹并翻动—至呈金黄色、涨发、脆身—捞起—用清水浸软，滤清油分。

质量要求：涨发、呈金黄色、松软。

（7）炸蛋丝。

将蛋打散—烧油约 90℃—慢慢倒入蛋液—边倒边用筷子旋转翻动—炸至丝状并定型—捞起滤油—放在干洁毛巾上—拧去油分—松散开。

质量要求：呈金黄色、松散成丝状、软硬度适中。

（8）炸大地鱼。

撕去鱼皮取出鱼肉—烧油约 150℃—放入鱼肉浸炸—炸至金黄色、酥脆—捞起滤清油分—冷却后碾成碎末。

质量要求：香脆、呈金红色、碎末。

想一想

1. 原料初步熟处理方法中的"飞水""滚""炟"各有什么不同？它们之间最大的差别是什么？

2. 半制成品的炸与成品的炸有什么不同？

项目 6
原料上粉上浆技术

学习目标

1. 掌握粤菜"三浆四粉"的调配。
2. 掌握原料上粉上浆的方法和关键环节。

前置作业

1. 粤菜的"三浆四粉"是什么？
2. 上粉上浆适合运用于哪些烹调方法？

一、上粉

（一）上粉的含义

粉是指各种淀粉。粤菜的上粉，多使用生粉或糯米粉、面包糠。上粉就是让原料均匀地粘上一层淀粉的操作过程。

（二）上粉的作用

（1）使成品达到某一种质感效果，如香、酥、脆等。

（2）使成品色泽金黄、着色均匀。

（3）保护原料成分不易损失。

（4）使原料符合一定的形状要求。

（三）粤菜的"四粉"

1. 上干粉

方法：原料腌味—直接在表面粘上一层干生粉—翻潮后用于炸。

要求：上粉均匀，厚薄适度，不要脱粉，炸至呈金黄色，硬身。

实例：红焖鱼等。

2. 上湿干粉（又称蛋湿干粉、酥炸粉）

方法：原料腌味—下鸡蛋、生粉拌匀—粘上一层干生粉—翻潮后用于炸。

要求：上粉均匀，厚薄合适，炸至呈金黄色，有一定涨发，使其香、酥、脆（上粉厚薄应视不同原料品种而定）。

实例：咕噜肉、生炒骨、松子鱼、菊花鱼等。

3. 上吉列粉

方法：原料腌味—原料上蛋浆—粘上一层面包糠—稍压实—用于炸。

要求：蛋浆可以用净蛋，也可以加入少许生粉调匀，上粉均匀，不脱粉（面包糠），炸至呈金黄色、酥脆。

实例：吉列鱼块、吉列虾球、吉列海鲜卷等。

4. 上半煎炸粉

方法：原料腌味—原料与蛋、生粉拌匀—粘上一层薄薄的干生粉—用于半煎炸。

要求：上粉均匀、厚薄适度、先煎后炸、内软外硬、焦香、金红色，也可以全炸，炸至呈金黄色，身较硬、微酥脆。

实例：果汁煎猪扒、柠汁煎鸡脯、橙汁煎软鸭等。

二、上浆

（一）上浆的含义

浆是由粉状原料与液状原料调成的糊状物。上浆就是使原料挂上这种糊状物的操作过程，故又称挂糊。

（二）上浆的作用（目的）

（1）使成品达到某一种质感效果，如香脆、酥化。

（2）使原料涨发，达到一定的形状效果。

（3）使成品色泽金黄，着色均匀。

（4）保护原料成分不易损失。

（三）粤菜的"三浆"

1. 脆浆

（1）有种脆浆（又称慢浆）。

原料配方：面粉（低筋）375克、发面种75克、生粉75克、马蹄粉60克、精盐10克、枧水10克、生油160克、清水600克。

调制：将各种粉、发面种、精盐和匀，加入清水、生油，调成浆状体，静置发酵 4 小时，待起发后加入枧水中和酸性，再静置 15 分钟后即可使用。原料均匀上浆后一般用于炸。

要求：涨发，外形圆滑，呈金黄色，松化酥脆。

（2）发粉脆浆（又称急浆）。

原料配方：面粉（低筋）500 克、生粉 100 克、发粉 20 克、精盐 6 克、生油 180 克、清水 600 克。

调制：将面粉、生粉、发粉、精盐和匀，加入清水、生油调成浆状体，静置约 30 分钟即可使用。原料均匀上浆后一般用于炸。

要求：涨发，外形圆滑，呈金黄色，松化酥脆。

调浆要领：

①各种原料分量合适。

②调制时不要调出面筋，不能有粉粒，讲究调制手法。

③掌握浆的稀稠度，不同品种需要不同的稀稠度。

实例：脆炸鱼条、脆炸直虾、脆炸牛奶等。

2. 窝贴浆

原料配方：鸡蛋液 100 克、干生粉 100 克。

调制：将鸡蛋液与干生粉和匀成浆，没有粉粒即可，鸡蛋液最好是蛋黄多蛋白少。原料上浆后一般用于半煎炸。

要求：匀滑，没有粉粒，炸至呈金黄色，香酥、微脆。

实例：窝贴鱼块、窝贴明虾等。

3. 蛋白稀浆

原料配方：蛋清 100 克、湿生粉 50 克。

调制：将蛋清打散，加入湿生粉调匀即可，一般即调即用。原料上浆后用于炸。

要求：炸至呈浅金黄色（又称象牙色），香酥脆，有珍珠泡和丝状物。

实例：酥炸虾盒、酥炸腐皮盒等。

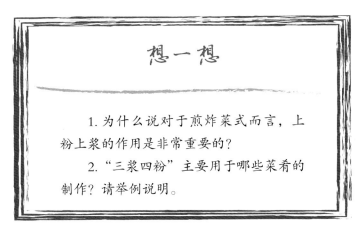

想一想

1. 为什么说对于煎炸菜式而言，上粉上浆的作用是非常重要的？

2. "三浆四粉"主要用于哪些菜肴的制作？请举例说明。

项目 7
烹调前的原料造型

学习目标

1. 掌握原料在烹调前的手工造型所包括的内容。
2. 掌握原料烹调前造型的操作方法。

前置作业

原料在烹调前的手工造型包含哪些内容?

一、包

方法：用宽大、软薄的原料（如腐皮、薄饼、糯米纸、蛋皮、锡纸、玉扣纸、植物叶子等）将主料（如馅料、腌味的肉料）折叠包裹的造型方法。一般用于煎、炸、焗或蒸的烹调方式。

要求：整齐划一，不能露馅；包裹紧密，不能松散。一般有长方形、角形、圆筒形。

实例：三丝卷、海鲜卷、纸包鸡、腐皮卷、盐焗鸡、荷叶田鸡等。

二、穿

方法：把某些原料切成条形、粗丝形，穿插入另一种主料（肉料）的孔洞中，使其成为一个整体的造型方法。

要求：成品要牢固，不能松脱，两种原料的大小、长短、色泽要协调美观。

实例：穿鸡翅、穿田鸡腿、穿带子等。用于穿的原料多为火腿、瘦叉烧、笋、菜远等。

三、卷

方法：用薄、较宽阔、质软的原料把馅料或条状、丝状的原料卷成圆筒状的造型方法。

要求：成品紧密不松散，形状大小、长短均匀，形状大小视菜肴要求而定。

实例：生鱼卷、肉眼卷、蛋皮卷、治鸡卷、冬瓜卷、包菜卷等。

四、酿

方法：将馅料（多为胶馅原料）填酿在另一种原料中，使其成为一件完整、造型美观的原料的方法，一般适用于蒸酿或煎酿。

要求：成品要结合紧密，不能松脱，酿面平滑，形状、大小均匀。形状应视菜式要求而定，一般有圆形、半月形、琵琶形、扇形、日字形、环形等。

实例：酿冬菇（圆形）、酿笈笋（半月形）、酿鸭掌（琵琶形）、酿虾扇（扇形）、酿鱼肚（日字形）、酿凉瓜（环形）等。

注意事项：

（1）被酿原料要吸去表面水分。

（2）被酿原料酿面要拍上一层薄干生粉。

（3）要酿实、酿满，形状符合要求。

（4）蒸酿要在馅面抹上蛋清，一般突起成包状；煎酿馅面不需抹上蛋清，一般要平整而微突。

五、挤

方法：将馅料（为胶馅或蓉馅）置于手掌心，手掌合起，通过挤压把馅料从拇指与食指之间挤出，然后用汤匙挖出成圆形或橄榄形的造型方法。

要求：成形大小均匀，形状圆滑美观，大小适度。

实例：挤鱼丸、虾丸、肉丸、鱼青丸、虾脯、鱼青脯等。馅料可挤入水中或油中，然后再用水或油将其加热至熟；也可以直接挤在器皿上，用蒸汽加热至熟。

六、贴

方法：将两种或两种以上不同的原料上窝贴浆后，整齐相叠在一起形成整体的造型方法，一般用于窝贴类品种的造型。

要求：原料要叠整齐，大小要相同，浆要适合，成形原料应粘上一层薄干生粉，以便其定型和不粘碟。

实例：窝贴鱼块、窝贴明虾、窝贴鲈鱼夹等。两件原料叫贴，三件原料叫夹，四件原料及以上叫千层。

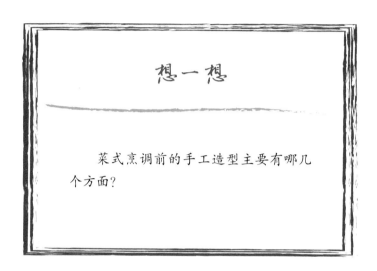

想一想

菜式烹调前的手工造型主要有哪几个方面？

项目 8
筵席排菜技巧

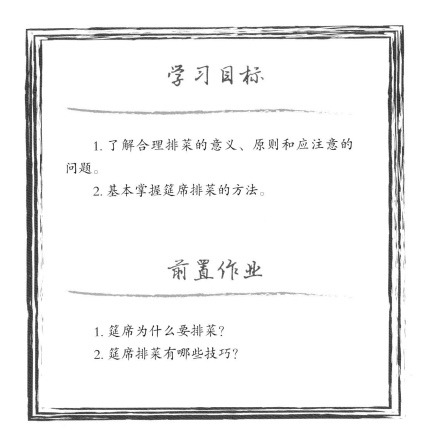

学习目标

1. 了解合理排菜的意义、原则和应注意的问题。
2. 基本掌握筵席排菜的方法。

前置作业

1. 筵席为什么要排菜？
2. 筵席排菜有哪些技巧？

一、排菜的含义

排菜是指安排上菜，即给已配好的筵席菜原料做好各种准备，按次序放置在荷台上，根据合理的上菜次序安排，以便候镬人员迅速、有节奏、次序不乱地逐一烹制的操作过程。

二、合理安排上菜的意义

合理安排上菜是排菜技巧的关键，就是要求安排上菜的次序符合人们进食时口味的变化，符合地方的风俗习惯和礼仪，符合就餐者的需要，使筵席菜肴烹制及上菜迅速、有节奏、有次序。

具体来说，合理安排上菜有以下四个作用：

（1）筵席上菜有一定节奏感，可以保证宴会协调、顺畅进行。

（2）可以满足宾客的味觉享受。

（3）确保菜肴的质量不受影响。

（4）能使厨房生产秩序流畅、提高生产效率。

三、合理安排上菜的一般原则

（1）掌握筵席上菜的先后次序。

①先冷后热。

②先菜后点（主食）。

③先咸鲜后酸甜。

④先清淡后浓郁。

⑤先炒泡后煎炸。

⑥先优质后一般。

（2）注意不同菜肴的主料、烹调方法、色香味形质等的相互间隔。

（3）根据筵席性质、客人进餐情况和客人要求控制上菜的速度和节奏。

（4）把好菜肴出品质量关，不符合规格和质量标准的菜肴不能出菜。

四、安排上菜应注意的问题

（1）起菜前应做好"三跟"工作。即跟菜单看配菜是否备齐，不足的应及时补充；跟菜单备齐合规格、够数量的碗碟器皿；跟菜单检查菜肴预制工作是否完善，不足的应通知有关人员及时弥补。

（2）起菜时，要注意上菜的先后和快慢，安排好次序，做好记号、登记，做到井井有条。如同时几张不同内容的筵席菜单起菜，应照顾全面，即让不同的筵席交叉起菜，使各筵席都能在差不多的时间内有次序地安排上菜。

（3）要经常与砧板、候镬人员和餐厅服务员取得联系，以便掌握起菜时间和暂停起菜等问题。

（4）在起菜期间，还应及时安排有关人员送菜等工作，以保证菜肴质量。

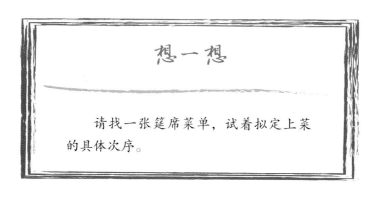

想一想

请找一张筵席菜单，试着拟定上菜的具体次序。

模块三

粉、面、饭、粥的烹制

项目 9
粉类品种的制作

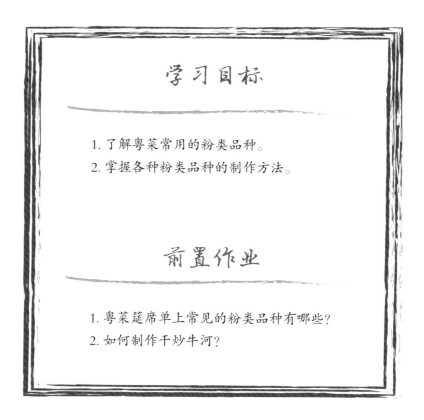

学习目标

1. 了解粤菜常用的粉类品种。
2. 掌握各种粉类品种的制作方法。

前置作业

1. 粤菜筵席单上常见的粉类品种有哪些?
2. 如何制作干炒牛河?

一、粉类品种的分类

（一）按粉的原料分类

粤菜原料中的粉是米制品，常用的有河粉和米粉两种。河粉包括干河粉和湿河粉，米粉包括干米粉和湿米粉。河粉以使用湿河粉为多，米粉以使用干米粉为多。

（二）按品种制法分类

一般可分为三类：①湿炒；②干炒；③汤煮。

二、粉类品种的制法

（一）湿炒河粉 （以鱼片炒河粉为例）

用料：河粉 250 克、菜远 75 克、鲩鱼片 75 克、精盐 2.5 克、味精 2 克、生油 30 克、二汤（水）100 克、湿生粉 8 克、胡椒粉少许。

制作程序：烧锅下油—放入河粉调味炒透—装碟—再次烧锅下油—鱼片拉油倒起—放入菜远炒至刚熟—潲酒下汤—调味—放入鱼片—用湿生粉打芡—铺在河粉上。

技术要领：

（1）河粉在炒前要撕开。

（2）炒河粉应用油适量，要用猛火炒透，但不能过碎，不能黏结成团。

（3）鱼片仅熟色白，青菜刚熟青绿，芡量、芡的稀稠程度要掌握好。

（4）品种造型分底面，分别烹制（这是与干炒最大的区别）。

质量要求：河粉透身，味香，软硬适中，鱼片仅熟，青菜青绿，芡、味合适。

品种拓展：鸡球炒河粉、菜远牛肉炒河粉、田鸡炒河粉等。

（二）湿炒米粉 （以豉椒牛肉炒米粉为例）

用料：干米粉 150 克、腌好的牛肉片 75 克、辣椒件 75 克、豉汁 3 克、蒜蓉 2 克、精盐 1 克、味精 0.5 克、生抽 5 克、老抽 0.5 克、二汤 100 克、湿生粉 10 克、生油 40 克。

制作程序：炟（焗）米粉—煎米粉（两面）—装碟—牛肉拉油倒起—放入蒜蓉、辣椒件炒至刚熟—潲酒下汤—调味—加入牛肉片—湿生粉打芡—铺在煎好的米粉上。

技术要领：

（1）米粉要炟（焗）透，软硬适中。

（2）米粉造型成圆饼状，两面煎至呈金黄色，以第一面为主，煎时油量适中。

（3）牛肉拉油掌握好油温与熟度，辣椒件翠绿刚熟。

（4）味道、芡色、芡量适当。

质量要求：米粉软硬合适，颜色金黄，米粉透身。牛肉嫩滑，青椒爽口，芡、味合适。

品种拓展：韭黄肉丝炒米粉、凉瓜珍肝炒米粉、菜远鸡片炒米粉等。

（三）干炒河粉 （以干炒牛河为例）

用料：河粉 250 克、腌好的牛肉片 75 克、韭黄 50 克、银芽 50 克、生抽 10 克、老抽 2.5 克、味精 3 克、白糖 2 克、生油 25 克。

制作程序：牛肉拉油倒起—炒河粉—加入银芽、韭黄—加入牛肉—调味炒透—装碟。

技术要领：

（1）牛肉腌制嫩滑，河粉炒前要撕开。

（2）炒河粉要炒香炒透，使用猛火，不加水，不要炒碎。

（3）牛肉拉油油温熟度合适，银芽、韭黄刚熟。

（4）掌握好色泽和调味。

质量要求：色泽金红，镬气足，原料香而爽嫩，牛肉嫩滑。

品种拓展：豆角肉片干炒河粉、肥叉干炒河粉等。

（四）干炒米粉（以星洲炒米粉为例）

用料：米粉 150 克、叉烧丝 30 克、湿虾米 20 克、五柳料 50 克、韭黄段 50 克、青红椒丝 75 克、炒香白芝麻 10 克、咖喱 15 克、精盐 1 克、味精 1 克、白糖 2 克、生抽 25 克。

制作程序：炟（焗）米粉—炒米粉—逐一放入叉烧丝、湿虾米、韭黄段、椒丝、五柳料—调味—炒香炒透—上碟—在表面撒上白芝麻。

技术要领：

（1）炟（焗）米粉要透身，软硬合适。

（2）先炒米粉，熟后按次序逐一放入配料。

（3）调味适当，以咖喱味为主。

（4）炒香炒透，一般使用猛火炒。

质量要求：米粉色泽金黄，爽口、软嫩适度、味香，咖喱味可口。

品种拓展：豆角叉烧干炒米粉、韭黄牛肉干炒米粉等。

（五）湿炒与干炒的区别

（1）湿炒：粉与配料分别烹制，分底面；干炒：粉与配料混合炒。

（2）湿炒：粉没有搭色；干炒：粉有搭色。

（3）湿炒：有芡，芡较多；干炒：没有芡。

（4）湿炒：香而软滑；干炒：干香，爽口。

想一想

1. 炒粉有干炒与湿炒之分，两者有哪些不同？

2. 经过实践，您认为怎样才能制作一碟优质的干炒牛河？

项目 10
面类品种的制作

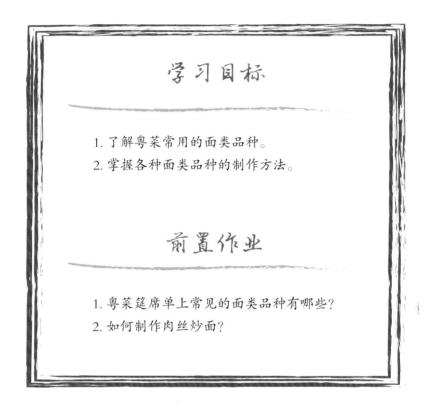

学习目标

1. 了解粤菜常用的面类品种。
2. 掌握各种面类品种的制作方法。

前置作业

1. 粤菜筵席单上常见的面类品种有哪些？
2. 如何制作肉丝炒面？

一、面类品种的分类

（一）按面的原料分类

粤菜原料中的面是指面制品中的面条，常用的面有湿面、干面、伊面、片儿面等。湿面中有全蛋面、半蛋面、枧水面（炒面），而且还分为生面和熟面；干面中有面饼、卫生面、速食面等；伊面是全蛋面煸熟后用油炸成的；片儿面是切成菱形片的半蛋面经油炸而成的。以上都是粤菜特有的面食制品。

（二）按品种制法分类

（1）炒面，可分为湿炒与干炒。

（2）办面。

（3）干烧（又称焖面）。

（4）汤面。

二、面类品种的制法

（一）湿炒面（以韭黄肉丝炒面为例）

用料：湿面 200 克、肉丝 60 克、韭黄 40 克、银芽 75 克、精盐 5 克、味精 2 克、生油 30 克、湿生粉 10 克、二汤 100 克。

制作程序：炟面—煎面（煎一面为主）—装碟—重新烧锅下油—放入银芽、韭黄炒至刚熟—攒酒下汤—调味—放入肉丝—用湿生粉打芡—铺在面上。

技术要领：

（1）炟面要透身，软硬适中，用清水过"冷河"，堆成圆饼状。

（2）热锅，用冷油搪锅，放入面煎至金黄色，使用中火，防止焦黑，用油量合适。

（3）配料熟度刚好，下白芡，掌握好芡量、芡色和味道。

质量要求：煎面至呈金黄色并煎透，型格圆，配料刚熟，芡味均好。

品种拓展：菜远虾球炒面、豉椒鳝片炒面、豆角肉片炒面等。

（二）干炒面（以豉油皇炒面为例）

用料：湿面 200 克、西腿丝（叉烧丝）75 克、韭菜段 75 克、胡萝卜丝 30 克、青红椒丝 20 克、生抽 15 克、味精 2 克、生油 20 克。

制作程序：炟面—滚胡萝卜丝—烧锅下油—放入湿面炒香—放入西腿丝、韭菜段、胡萝卜丝、青红椒丝炒匀—调味炒匀—装碟。

技术要领：

（1）炟面要透身，软硬适中，用清水过"冷河"。

（2）先炒面，炒香炒透，再按次序下配料炒匀。

（3）掌握下油量和调味生抽的用量。

质量要求：面炒透，香软爽口，色泽浅红，味道可口。

品种拓展：豆角肥叉炒面、韭芽牛肉干炒面等。

（三）办面（以姜葱办面为例）

用料：生面 200 克、姜丝 10 克、葱丝 10 克、蚝油 10 克、猪油 15 克、味精 1 克、生抽 5 克、胡椒粉少许、二汤 75 克。

制作程序：焯面—烧锅下猪油—爆香姜丝、葱丝—下二汤—调味—放入湿面煮透—收汤汁—装碟。

技术要领：

（1）焯面要透身，软硬适中，用清水过"冷河"。

（2）最好使用猪油，其他食用油也可，姜丝、葱丝要爆香。

（3）调味适当，要收汁，煮透。

质量要求：面爽口软滑、入味，姜葱香味足。

品种拓展：蚝油办面、鲍汁办面等。

（四）干烧伊面

用料：伊面 150 克、湿草菇（冬菇）50 克、韭黄段 40 克、蚝油 15 克、猪油 25 克、生抽 5 克、味精 1 克、胡椒粉少许、二汤 100 克。

制作程序：焯面—烧锅下猪油—放入二汤—调味—放入伊面与配料煮透—收汤汁—装碟。

质量要求：伊面香而软滑，入味可口。

品种拓展：宏图伊府面等。

（五）蟹肉片儿面

用料：炸好的片儿面 150 克、蟹肉 40 克、蛋清 50 克、精盐 1 克、味精 2 克、猪油 5 克、胡椒粉少许、二汤 600 克、湿生粉 5 克。

制作程序：焯片儿面—烧锅下油落汤—放入片儿面—调味—煮透后装碗—重新热锅—放入蟹肉—下二汤—调味—用湿生粉打芡—推入蛋清—铺在片儿面上。

技术要领：

（1）炸好的片儿面要焯至软身。

（2）用汤调味将片儿面煮透，要软滑。

（3）蟹肉蛋清芡要味鲜而滑。

质量要求：香而软滑，味鲜芡白。

品种拓展：鸡片片儿面、鲜虾片儿面等。

想一想

1. 炒面有干炒与湿炒之分，两者有哪些不同？

2. 经过实践，您认为怎样才能制作一碟优质的豉油皇炒面？

项目 11
饭类品种的制作

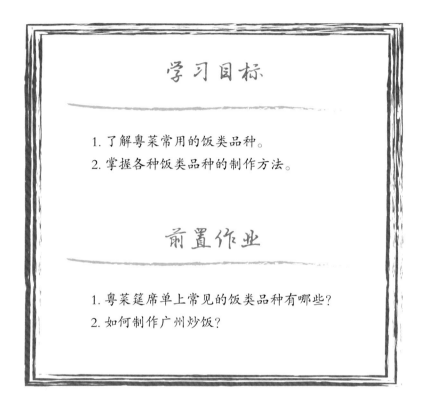

学习目标

1. 了解粤菜常用的饭类品种。
2. 掌握各种饭类品种的制作方法。

前置作业

1. 粤菜筵席单上常见的饭类品种有哪些?
2. 如何制作广州炒饭?

一、饭类品种的制作

(一)按饭的原料分类

这里的饭是指米饭,而米饭所用的大米,在广东一般是指籼米和糯米,其中主要使用籼米。籼米含直链淀粉较多,涨性大,出饭率高,但黏性小,口感干而粗糙;糯米较为少用,硬度低,黏性强,涨性小,出饭率低。

(二)按品种制法分类

(1)白饭(即米饭,所用的是大米,有煲饭、蒸饭)。

(2)炒饭(煲或蒸熟后的米饭再用于炒)。

(3)瓦罉焗饭。

(4)上汤泡饭。

(5)碟头饭。

二、饭类品种的制法

（一）广州炒饭

用料：白饭 250 克、叉烧粒 50 克、鲜虾仁 25 克、净蛋 30 克、葱花 5 克、精盐 3 克、味精 1 克、生油 20 克。

制作程序：烧锅下油—虾仁泡油倒起—下蛋液炒至刚熟—下饭炒透—调味—加入叉烧粒、虾仁、葱花再炒匀—装碟。

技术要领：

（1）饭的软硬适中，炒前用手打散。

（2）炒饭要炒透，不能结团，用油适当。

（3）炒饭一般不搭色，配料可以变化。

（4）如果蛋液放在最后下，就是所谓的"金包银"炒法。

质量要求：味道香而可口，软硬适中，色泽金黄均匀。

品种拓展：咸鱼鸡粒炒饭、五彩炒饭等。

（二）凉瓜鸡粒炒饭

用料：白饭 250 克、炟熟凉瓜粒 75 克、鸡肉粒 50 克、净蛋 30 克、葱花 5 克、精盐 2 克、味精 1 克、豉汁 5 克、老抽 1 克、白糖 3 克、湿生粉 5 克、二汤 100 克、生油 20 克。

制作程序：烧锅下油—下蛋液炒散—下饭炒香炒透—调味—下葱花炒匀—装碟—再次烧锅下油—鸡肉粒泡油倒起—下凉瓜粒、鸡肉粒—下二汤—调味—湿生粉打芡—铺上炒饭面。

技术要领：

（1）饭的软硬适中，炒前用手打散。

（2）先炒饭装碟，饭要炒香炒透，蛋要炒散，油量合适。

（3）配料熟后打芡，掌握芡量、芡色、芡的稀稠程度。

（4）该炒饭属湿炒制法，分底面，有芡。

质量要求：味道可口、香而软滑，炒饭呈金黄色，配料芡色匀滑，味道准确。

品种拓展：菜远生鱼片炒饭、芥菜粒鸡肝炒饭等。

（三）鲜虾上汤泡饭（又称汤饭或烩饭）

用料：白饭 250 克、草菇件 25 克、鲜虾仁 50 克、短菜远 50 克、上汤 300

克、精盐 3 克、味精 2 克、猪油 5 克。

制作程序：白饭用大碗盛装—烧锅下油—虾仁拉油倒起—加入上汤、草菇件、虾仁、菜远—调味至滚—熟后连汤带料倒入饭中。

技术要领：

（1）白饭质量要好，白饭要热，先用大碗盛装。

（2）虾仁要腌制，与配料用上汤滚熟。

（3）调味合适，汤与料一齐倒入白饭中，汤要浸过饭面。

质量要求：饭质好，虾仁爽脆，汤味鲜美，汤、料量恰当。

品种拓展：杂锦上汤泡饭、鳜鱼片上汤泡饭等。

（四）瓦罉牛蛙焗饭

用料：米 200 克、清水 340 克、牛蛙件 100 克、湿冬菇件 50 克、姜片 5 克、葱花 10 克、精盐 2 克、味精 1 克、干生粉 5 克、猪油 25 克。

制作程序：用瓦罉煲饭—牛蛙等拌味—饭将熟、收水时放入牛蛙等—收火焗至原料刚熟—跟猪油、生抽和葱花上席。

技术要领：

（1）米质要好，米、水的比例恰当，饭的软硬适中。

（2）牛蛙等原料调味恰当，使用猪油会更香。

（3）饭将熟收水后放入配料，慢火焗至原料刚熟。

质量要求：饭香而软硬适中，牛蛙味好、嫩滑。

品种拓展：腊味焗饭、黄鳝焗饭、排骨焗饭等。

想一想

1. 炒饭有干炒与湿炒之分，两者有哪些不同？

2. "金包银"炒饭与一般炒饭最大的区别是什么？

项目 12
粥类品种的制作

学习目标

1. 了解粤菜常用的粥类品种。
2. 掌握各种粥类品种的制作方法。

前置作业

1. 粤菜筵席单上常见的粥类品种有哪些?
2. 如何制作皮蛋瘦肉粥?

一、粥类品种的分类

（一）按粥的原料分类

粥又称稀饭，所用原料多为大米，又称米粥。但也可以用 8 种特定的原料煲粥，称为八宝粥；用绿豆、大米煲粥，称为绿豆粥；用红豆、花生、大米煲粥，称为红豆花生粥；用小米煲粥，称为小米粥等。

（二）按粥的品种制法分类

粤菜多用米粥，根据品种制法一般有白粥、有味粥、生滚粥等。

二、粥类品种的制法

（一）白粥

用料：大米 2 千克、清水 50 千克、腐竹 250 克。

制作程序：腐竹用水浸透—大米洗净浸透—水大滚后下大米、腐竹—猛火稍滚后转用慢火—煲约 1.5 小时—起粥约 40 千克。

技术要领：

（1）腐竹、大米要浸透（可先用少许枧水腌腐竹）。

（2）水煮开后才下大米和腐竹。

（3）先猛火滚起后再改用慢火，中途不停火，如停火重新煲后要搅拌底部，防止粥粘底煲糊。

质量要求：明火煲粥，米要绵化，粥香而滑，稀稠合适。

（二）有味粥

用料：大米 2 千克、清水 50 千克、皮蛋 2 只、腐竹 250 克、猪骨 5 千克。

制作程序：腐竹、大米用水浸透—水大滚后下大米、腐竹—猛火稍滚后转用慢火—猪骨用布装吊放在粥中—煲约 1.5 小时—起粥约 40 千克。

技术要领：

（1）大米、腐竹要浸透（可先用少许枧水腌腐竹）。

（2）水滚后下大米（最好先用少许生油、精盐腌米）。

（3）先猛火滚起后再改用慢火，中途不停火，如停火再煲要搅拌底部，防止粥粘底煲糊。

（4）猪骨斩件，用布装吊放在粥中。

质量要求：粥香而绵滑，不能粘底，稀稠适中。

（三）生滚粥（以皮蛋肉片粥为例）

用料：有味粥底 500 克、皮蛋 1 只、肉片 100 克、姜丝 5 克、葱花 3 克、精盐 5 克、味精 3 克、生油 2 克、干生粉 2 克、麻油和胡椒粉少许。

制作程序：肉片腌制—慢火将粥底滚起—放入姜丝、皮蛋件稍滚—放入肉片稍滚—调味—放入葱花—成品。

技术要领：

（1）肉片腌制嫩滑。

（2）先滚皮蛋再下肉片，肉片刚熟便成，葱花后放。

（3）调味恰当，可放麻油、胡椒粉。

质量要求：粥香绵滑，稀稠合适，肉片嫩滑、味鲜。

品种拓展：生滚骨腩粥、生滚及第粥、生滚肉丸粥、荔湾艇仔粥等。

想一想

1. 煲粥怎样才能有更好的绵滑口感？
2. 生滚粥如何保持肉类原料的鲜爽嫩滑？

模块四

以蒸汽传热加温的烹调方法

项目 13
烹调方法——蒸

学习目标

1. 理解蒸的含义和主要特点。
2. 基本掌握蒸的火候运用。
3. 掌握调味的类型和调味的方法。
4. 基本掌握各种蒸法的工艺流程和代表菜式的制作。

前置作业

1. 了解蒸的火候掌握方法。
2. 了解蒸的调味运用。
3. 了解各种蒸法的工艺流程。

一、蒸的含义

蒸是指把刀工处理后的原料，经调味后平放在器皿上（或摆砌造型），放进蒸笼或蒸柜内密封，运用蒸汽传热至原料成熟的烹调方法。

要点：①先调味后加热；②平放在器皿上；③利用蒸汽传热至原料成熟。

原理：蒸是以蒸汽为传热介质的烹调技法之一，是指在相对密封的环境里，利用高温的水蒸气对原料进行直接或间接加热的方法。蒸汽环境中的温度会随容器密封程度的增大而提高，即压力锅的温度会比蒸笼、蒸柜的温度高；若密封程度降低，温度也会相应地降低。蒸的温度是通过密封状态的改变和蒸汽的供应量来调节的。

二、蒸的主要特点

（1）使用广泛，操作较为简便，适用于各类原料及原料的预制。
（2）蒸汽传热加温，根据不同原料的性质使用不同的火候。
（3）先调味后加热，加热过程中不能调味。
（4）品种烹制，一般以刚熟为度。
（5）能较好地保持原料的水分、原味、原色、型格等。

三、蒸的火候掌握

（一）火力的掌握

蒸的火力，可分为猛火、中火、慢火，主要根据原料不同的性质而定。
（1）猛火：蒸汽猛烈，温度较高，适用于水产原料、胶馅类原料，使成品色鲜、嫩滑或爽滑，有弹性，味鲜美。
（2）中火：蒸汽充足，温度尚高，适用于禽畜肉料，能使成品色泽鲜明，口感嫩滑，味道鲜美。
（3）慢火：蒸汽较弱，温度不高，适用于蛋类原料，能使成品色鲜、质滑。

（二）时间的掌握

蒸汽加热的时间，要根据原料的性质、大小厚薄及火力的猛烈程度而定。一般以原料刚熟为好，而掌握好原料的熟度，则是掌握蒸的火候的难点。

1. 蒸排骨、滑鸡的熟度鉴别
（1）有汁、汁清。
（2）肉收缩、骨突出。
（3）离碟。

2. 蒸鱼的熟度鉴别
（1）眼珠突出。
（2）腹部皮肉有爆裂。
（3）用筷子在厚处易插入。

（三）技术要领

（1）水量要充足。
（2）根据原料性质或菜品要求，调节好火力，控制蒸汽量。
（3）根据原料性质或大小厚薄，控制加热时间，掌握熟度。
（4）原料在碟上的放置要厚薄均匀，较大的原料要稍垫起。

四、蒸的调味运用

蒸一般是以先调味后加热为主，先加热后调味为辅，加热过程中不能调味。

（一）调味的类型

蒸的调味一般有三大类型：清蒸、酱汁蒸、豉油皇汁蒸。

1. 清蒸

调味料使用较为简单，以保持原料的原汁原味为主，比较清鲜，色泽以原料的原色为主，不加有色的调味料，多为白芡或清芡。

2. 酱汁蒸

调味料使用较为复杂，采用已调配好的酱汁，突出酱汁的风味，较为香浓和浓郁，味道丰富，色泽以酱汁色泽为主，有浅红芡、深红芡、黑芡等多种。

3. 豉油皇汁蒸

在清蒸的基础上淋入经调制的豉油皇汁，既保持原料的原味，又增添豉油皇汁的特殊鲜味，色泽为豉油皇的深红色，不需打芡。

（二）调味的方法

1. 擦味

按顺序将调味料在原料内外擦抹均匀，或将调味料按分量比例调匀后在原料内外擦抹均匀，也可用酱汁擦抹，适用于原只、原条或较大件的原料。

2. 拌味（捞味）

将调味料逐一放入原料中，加入料头、干淀粉，一齐与原料拌匀，然后平铺于碟上，淋上少许食油，适用于碎件的原料。

3. 勾芡与淋汁

一些蒸的菜肴成品，蒸熟后还需要进行勾芡或淋汁。勾芡一般由候镬操作，以增加菜肴的风味和质感；淋汁是事前调好味汁，菜品蒸熟后直接淋入味汁，以增加其风味。

五、蒸的菜品制作实例

（一）猛火蒸

清蒸鲩鱼

用料：鲩鱼一条（约 1 250 克）。

料头：姜丝 1.5 克、菇丝 25 克、肉丝 50 克、葱丝 1.5 克、葱条 2 条。

调料：精盐 10 克、味精 7.5 克、白糖 5 克、麻油 0.5 克、胡椒粉 0.1 克、淡汤 250 克、生油 100 克、湿淀粉 25 克。

制作方法：

（1）将鲩鱼去鳞、鳃，开腹取内脏，刮清黑膜、血污，洗净。

（2）碟面放葱条2条，用盐、味精擦匀鲩鱼内外，放在葱条上，将姜丝、菇丝、肉丝调味并用生粉拌匀，铺在鱼身上，淋少许生油在鱼表面。

（3）水烧至大滚后，将鱼放入，用猛火加温，蒸至鱼刚熟，取出。

（4）滗去鱼汁，撒上胡椒粉、葱丝，将生油烧至约7成油温，潲在鱼身上。

（5）利用锅中余油，潲酒，放入淡汤，调味，微滚推入芡粉，加入尾油和匀，淋在鱼身上便成。

技术要领：

（1）剖鱼时直刀开腹取内脏，并刮清黑膜、血污。

（2）用葱条垫底，便于蒸汽对流，易熟，且增香去腥，易于转碟。

（3）猛火蒸制，蒸至刚熟（用筷子在背部能轻轻插入）。

（4）芡色要清、味鲜、稀稠合适。

菜品特点：肉质嫩滑，芡清味鲜。

品种拓展：榄角蒸鲹鱼，蒜蓉粉丝蒸扇贝，清蒸东升斑等。

（二）中火蒸

1. 豉汁蒸排骨

用料：排骨400克。

料头：蒜蓉0.1克、红椒米0.5克、葱段2.5克。

调料：豉汁5克、精盐4克、味精5克、老抽10克、白糖0.5克、麻油0.5克、胡椒粉0.1克、干淀粉10克、生油10克。

制作方法：

（1）将排骨斩成日字形件，漂水处理，滤清水分。

（2）把料头（葱段除外）、各种调味料、干淀粉及排骨放入拌匀，平铺于碟上，淋上少许生油。

（3）放入蒸笼内，用中火加温至熟，放入葱段后即可。

技术要领：

（1）排骨斩件均匀（如要求排骨更加嫩滑，可放入少许生粉腌约30分钟再进行漂水处理）。

（2）调味要准确，主要是对色泽和芡粉的掌握。

（3）火候合适。

菜品特点：排骨件均匀、嫩滑、有汁，有豉汁的香浓风味，芡、色、味俱佳。

2. 清蒸滑鸡

用料：光鸡 400 克。

料头：姜片 1.5 克、菇件 25 克、葱段 1.5 克。

调料：精盐 5 克、味精 2.5 克、白糖 0.1 克、麻油 0.5 克、胡椒粉 0.1 克、干淀粉 7.5 克、生油 25 克。

制作方法：

（1）将光鸡斩件，洗净并滤清水分。

（2）把料头（葱段除外）、调味料、干淀粉与鸡件拌匀，平铺在碟上，淋上少许生油。

（3）放入蒸笼内，用中火加温至熟，放入葱段后便成。

技术要领：

（1）斩件要均匀，要洗清血水。

（2）调味料、芡粉要准确，芡色比较白。

（3）火候适合，刚熟为度。

菜品特点：鸡件均匀，嫩滑有汁、味清鲜，芡色洁白。

品种拓展：柱侯蒸大鱼头、咸蛋蒸肉饼等。

（三）慢火蒸

鱼片蒸蛋

用料：净鸡蛋 200 克、二汤 300 克、皖鱼片 200 克。

料头：葱花 10 克。

调料：精盐 10 克、味精 5 克、麻油 0.5 克、胡椒粉 0.1 克、生抽 15 克、生油 40 克。

制作方法：

（1）先将鱼片加精盐 2 克拌匀待用。

（2）将净鸡蛋搅烂后加入二汤、精盐、味精、麻油、胡椒粉，拌匀后倒入鲍鱼窝中。

（3）将蛋液放入蒸笼内用慢火蒸至八成熟后，上面铺放鱼片、葱花，再用慢火蒸熟取出。

（4）淋上熟油、生抽便成。

技术要领：

（1）切鱼片要厚薄均匀，拌味不宜过咸。

（2）净蛋与二汤的调配比例要合适。

（3）火候不宜过猛。

菜品特点：表面平整，鸡蛋金黄，鱼片洁白，葱花青翠，质感软嫩，味道清鲜。

品种拓展：粉丝虾米蒸水蛋、海鲜琼山豆腐等。

六、蒸的操作难点

（1）火候的掌握，关键是蒸制时间和熟度的控制。

（2）对各种调味料、芡的运用要准确。

（3）需要预制的原料，要掌握其预制的方法及要领。

（4）需要精细刀工的原料，要掌握其规格标准。

（5）需要勾芡的要掌握芡汁的稀稠程度、分量和色泽。

想一想

1. 蒸主要有哪些特点？

2. 怎样运用蒸的火候？

3. 经过实践，您认为蒸的烹调法最难掌握的技术要领是什么？

项目 14
烹调方法——炖

学习目标

1. 理解炖的含义和主要特点。
2. 掌握两种炖法的工艺流程。
3. 掌握不同炖法的操作要领和区别。
4. 掌握代表菜式的制作要领和质量要求。

前置作业

1. 了解炖与蒸的区别。
2. 了解原炖与分炖的工艺流程。
3. 了解原炖与分炖的特点。

一、炖的含义

炖是将经过处理的原料放进炖盅内，加入经初步调味的汤水或沸水，加盖，运用蒸汽长时间将其加热成炖汤的烹调方法。

要点：①把原料放进炖盅并加入相当分量的汤（水），加盖；②运用蒸汽长时间加热；③汤菜（炖汤）。

原理：蒸汽传热的加温方法，通过炖盅外长时间的蒸汽加温，使炖盅内的汤水保持在100℃的高温，原料受热涨发，各种滋味及营养成分溢出，并溶解于汤水之中，使汤水饱含主配原料的精华，成为汤水香浓、清鲜，肉料软滑的炖品。因此，炖汤是炖品的主要成品，不但本身滋味香浓而鲜美，而且营养成分已经分解，极易吸收，最适宜作为补品享用。加热时间的长短，主要由原料性质决定，关键是让原料充分出味分解，即俗话说的"够身"。

二、炖的主要特点

（1）以各类肉料为主，可有适量配料或药材。

（2）原料可以是原只、原条或碎件。

（3）蒸汽传热加温，使用中火或慢火，加温时间较长，视原料性质而定，一般要 1 小时以上。

（4）汤水与原材料的比例以汤水浸过原料表面为原则，加温前调味与加温后调味相结合。

（5）成品为汤菜，以汤为主，汤清、味鲜而香浓，本味突出，原料软稔，有滋补的功效。

三、炖料的作用

炖汤一般配有姜件、葱条、瘦肉方粒、火腿方粒作为炖料（料头）。

姜件、葱条的作用是去除原料的腥臊异味，增加香味；瘦肉方粒的作用是增加炖汤的肉质鲜味；火腿方粒的作用是增加炖汤的香味和色泽（呈浅金黄色）。瘦肉方粒与火腿方粒的大小视炖汤的规格而定。

四、炖法的分类

炖的烹调法可分为原炖法和分炖法两种。

（一）原炖法

1. 原炖法的含义和特点

原炖法又称合盅炖，指各种原料经分别处理后，同放于一炖盅中，一同炖制至成品的方法。

优点：①制作简便；②原汤原色原味。

缺点：①汤较浊不易掌握汤色，原料易串色串味；②不能按不同原料分别掌握炖制时间；③不注重造型。

2. 制作程序

原料初步处理—肉料飞水—（异味重的原料爆透）—原料下盅，加初步调味的汤（水）—加盖—炖制—再调味，撇油，封纱纸—再炖—成品。

3. 菜品制作实例

（1）淮杞炖乳鸽。

主料：光乳鸽 1 只（约 300 克）。

配料：淮山 15 克、杞子 7.5 克。

调料：精盐 3 克、味精 3.5 克、绍酒 10 克、胡椒粉 0.1 克。

制作方法：

①将乳鸽从背脊至尾部切开，去肺，洗净，腿骨、翅骨敲断。再将淮山、杞子洗净，浸泡。

②烧水，滚后放入乳鸽、瘦肉粒飞水，洗去毛衣，滤清水分。

③依次将淮山、杞子、瘦肉、乳鸽放进炖盅内，用牙签串起姜葱放在原料表面。烹入绍酒，将水烧开，调入精盐、味精，倒入炖盅内。以浸过原料表面为原则，加盖。

④炖盅放入蒸笼（蒸柜）内，用中慢火炖约 1.5 小时。上菜前取出，去掉姜葱，撇去浮油。再调味，加盖，封纱纸，再炖约 10 分钟即可。原盅上席。

技术要领：

①原只禽鸟要开背，并敲断四柱骨（也可碎件炖）。

②飞水要洗清血水，洗净毛衣。

③汤水一定要浸过原料表面，初次调味不能味重。

④炖制时间约 1.5 小时，如火候较慢，可稍微延长时间。炖老鸽则要 2 小时以上。

菜品特点：汤清味鲜，肉质软稔，清润滋补。

（2）椰子杏圆炖鹌鹑（品种制法略）。

品种拓展：香露炖鸡、北芪党参炖鹧鸪等。

（二）分炖法

1. 分炖法的含义和特点

分炖法又称分盅炖，指各种原料分别处理后，不同性质的原料分为几盅炖制，炖好后合盅再炖至成品的方法。

优点：①汤清易掌握汤色，原料不会串色串味；②不同原料可分别掌握不同的炖制时间；③注重造型，比较美观。

缺点：流程较为烦琐，又分又合，适用于制作较高档次的炖品。

2. 制作程序

原料初步处理—肉料飞水—（异味重的原料爆透）—不同原料分别下炖盅—汤（水）调味加热下炖盅—加盖—炖制—取出—汤过滤，原料合为一盅造型—放入原汤（兑上汤）再调味—加盖、封纱纸—再炖制—成品。

3. 菜品制作实例

（1）杏圆凤爪炖水鱼。

主料：水鱼（甲鱼）1只（约750克）。

配料：凤爪（鸡脚）6对、桂圆肉10克、南杏仁25克。

料头：姜件4件、葱条4条、瘦肉大方粒150克、火腿大方粒25克。

调料：精盐6克、味精10克、绍酒25克、胡椒粉1.5克、上汤1000克、生油25克。

制作方法：

①将宰好的水鱼烫热水，去衣膜洗净，斩件。将凤爪斩去趾尖，斩断胫骨。将桂圆肉洗净，南杏仁去衣，与桂圆肉一起用清水浸过面，另炖。

②瘦肉粒飞水，洗净，水鱼件飞水后，用少许油猛火起锅，放入姜片、葱条，水鱼件爆香爆透并烹入绍酒，倒入疏壳内，去掉姜葱，冲洗。

③凤爪、水鱼件分别下炖盅，各加入姜件、葱条（串起放面）、瘦肉粒、火腿粒，烹入绍酒。烧水至滚，初步调味后倒入炖盅内，加盖。

④入蒸笼（蒸柜）加温，炖2小时以上（视水鱼老嫩而定）。

⑤将杏仁、凤爪、水鱼取出，去掉姜葱，倒出原汤并过滤，合为一盅，撇去浮油，将原料造型，水鱼在中，水鱼裙在面，凤爪去胫骨后围边，放入桂圆肉、杏仁，把原汤兑入上汤，再调味，加盖、封纱纸，重新炖约30分钟即可。原盅上席。

技术要领：

①水鱼件去腥臊味和处理方法。

②杏仁、凤爪、水鱼分为三盅炖，时间可以不同，以原料充分出味为度。

③三种汤汁合成一体，掌握汤色汤味。

④原料要造型，有层次感，瘦肉粒、火腿粒可用可不用。

菜品特点：汤清味鲜而香浓，造型美观，肉料稔滑，胶原蛋白质丰富，比较滋补。

（2）冬瓜瑶柱炖田鸡（品种制法略）。

品种拓展：西洋菜炖鲜陈肾等。

知识拓展：常用于炖品制作的中药材的药理特性。

五、炖的操作难点

（1）掌握不同原料的处理方法。

（2）对各种中药材药理性能的认识和搭配。

（3）分炖的质量要求。

想一想

1. 您能概括不同类型原料的不同处理方法吗?

2. 原炖法与分炖法有哪些区别?

3. 您知道多少常用于炖品制作的中药材的药理性能? 请试举两三例。

模块五

以水传热加温的烹调方法（汤类）

项目 15
烹调方法——熬

学习目标

1. 理解熬的含义、原理和主要特点。
2. 掌握熬的火候运用、调味。
3. 掌握熬的工艺流程和技术要领。
4. 掌握各种熬法的制作过程和质量要求。

前置作业

1. 了解熬的含义。
2. 了解熬的火候运用。
3. 了解熬汤的用途。

一、熬的含义

熬，指熬汤，是将一定数量比例的原料和清水经长时间慢火加热，使原料的滋味充分溶解在水中，成为味鲜美而香浓的汤水的烹调方法。

水在较缓慢火力和较长时间的加热中，能使原料（肉料）中的各种成分平缓渗出，溶解在水中，形成含有原料各种营养成分、味香而鲜美的汤水。用这些汤水来烹调菜肴，尤其是制作汤菜类，味道非常鲜美，因为肉质的鲜味是任何人工合成的鲜味剂都不能比拟的。在鲜味剂出现之前，粤厨早已懂得用熬制的肉类鲜汤来调取鲜味。

二、熬的主要特点

（1）熬汤一般选用新鲜、有较好鲜味和香味的原料，一般以肉料为主。

（2）熬汤所用原料的选择和原料与汤水的比例有一定的要求，以形成不同质量特色的汤水。

（3）熬汤的全过程基本上使用较慢火和较长时间的加热，这样才能使原料的滋味充分溶解于汤水中。

（4）熬好的汤水一般只作为半成品，而不直接作为菜肴，最主要的品质是味鲜美、香浓。

三、熬汤的分类和制作

熬汤一般可分为熬清汤与熬浓汤，粤菜熬汤的技法主要是熬清汤，较少使用浓汤。清汤可根据原料与汤水比例的不同，分为高汤（顶汤）、上汤和二汤三种。

（一）熬清汤

1. 制作程序

原料的处理—原料与清水一同下煲—先用猛火烧至滚后转用较慢的火—长时间加热（约 4 小时）—将汤水过滤（起汤）—成品。

2. 技术要领

（1）在原料的选用上，粤菜熬汤多采用瘦猪肉、老鸡、火腿三种原料，瘦猪肉、老鸡主要取其鲜味，火腿取其香味和色泽。

（2）原料数量与清水量、汤水量的比例恰当，这关系到汤水滋味的鲜浓程度。

（3）加热的火候，关键是使用慢火长时间加热，中途不停火。慢火是以汤水不能滚起，保持微滚状态为准，时间一般是 4 小时。

（4）熬汤过程中不停火，不加水，不撇油，不捞起肉渣。

（5）起汤前要将汤面油撇干净，没有浮油，汤水经过滤，保持清澈。

3. 菜品制作实例：熬高汤

用料：瘦猪肉 9.5 千克、老光鸡 4 千克、火腿 1.5 千克、清水 21 千克。

制作方法：

（1）将瘦猪肉切成大块，老光鸡开背，火腿斩件，洗净。

（2）原料与清水一同放入煲（罉）内（肉料如为冻品，要进行飞水处理），先用猛火将其加热至滚起后马上转慢火，并撇去汤面泡沫。

（3）经 4 小时不停火地加热，保持加热的温度为微滚。

（4）撇去汤面浮油，用洁净纱布将汤过滤，得高汤 15 千克。

（如熬上汤，将各种肉料分量减半，仍得汤 15 千克，并加入精盐 50 克，不加盐则称为淡汤。将熬过高汤、上汤的汤料再加入清水 16.5 千克，熬 1 小时得汤 15 千克，加入精盐 125 克则为二汤。）

质量要求：汤鲜而香郁，滋味醇浓，汤色清澈呈象牙色，没有浮油。

品种拓展：上汤、二汤、素上汤等。

（二）熬浓汤

1. 制作程序

原料的处理—清水烧滚加入原料—先用猛火大滚起后转用中慢火—不停火加热（约 3 小时）—再用大火滚起约 10 分钟—撇油后将汤过滤—成品。

2. 技术要领

（1）不同的原料熬汤前的处理方法各有不同，如鱼要煎透，禽畜肉料经高油温拉油等。

（2）水滚后才将处理过的原料放入，滚起约 10 分钟后才转用慢火，但比熬清汤的火力要稍高一些。

（3）连续加热约 3 小时，中途不停火，不加水，不撇油，不捞起肉渣。

（4）汤快熬好时再转用较猛的火力，让其滚起约 10 分钟，然后再停火，撇去汤面浮油，将汤过滤。

3. 菜品制作实例：熬浓汤（又称奶汤）

用料：瘦猪肉 5 千克，脊骨、扇骨共 5 千克，鲫鱼 3 千克，老光鸡 3 千克，火腿 1 千克，姜件 100 克，葱条 100 克，绍酒 100 克，精盐 50 克，清水 26 千克。

制作方法：

（1）瘦猪肉切块，脊骨、扇骨斩件，鲫鱼去鳞、鳃、内脏，老光鸡开背，火腿斩件，原料洗净。

（2）用少许油把鲫鱼煎透，用高油温拉油处理瘦猪肉、猪骨、老鸡。

（3）爆香姜、葱，下绍酒，放入清水，用猛火烧滚后加入所有原料，先用猛火滚起一会儿，后转用慢火，汤要滚起，连续加热 3 小时左右。

（4）起汤前再转用较猛的火力，将汤滚起约 10 分钟，停火后撇去汤面浮油，用纱布将汤过滤取汤便成，得汤约 15 千克。

质量要求：汤色奶白，味鲜香而浓郁。

品种拓展：鸡煲翅汤、潮州翅汤、浓翅汤等。

想一想

1. 为什么说熬汤是高档粤菜不可缺少的重要内容?

2. 熬上汤有哪些技术要领?

项目 16
烹调方法——煲

学习目标

1. 理解煲的含义、原理和主要特点。
2. 掌握煲的火候运用、调味和特色。
3. 掌握煲的工艺流程和技术要领。
4. 掌握煲的分类、代表菜式的制作方法和质量要求。

前置作业

1. 了解煲的原料初步熟处理方法。
2. 了解不同季节适宜煲什么汤。

一、煲的含义

煲，指煲汤，又称为煲老火汤，就是将经过处理的原料放入猛火至滚的清水中，再转用中慢火，进行较长时间加热并调味成汤菜的烹调方法。

煲老火汤是粤菜的一大风味特色，菜品以汤为主。原料在较多量的水中通过中慢火长时间加热，各种营养成分充分溶解在汤水中，而原料也变得软稔。汤水经加热而蒸发浓缩后变得鲜美、香甜、浓郁。菜品以汤水为主，汤水中含有汤料中的主要营养成分，滋润而不燥热，易于吸收，有保健、食疗之功效，又能补充水分，美味可口，是粤菜烹调的特色技法。

二、煲的主要特点

（1）所用原料相当广泛，而要形成具体菜品并具有一定功效，主要在于原料的搭配。原料的不同搭配，能够形成不同风味和食疗功效的汤菜。

（2）用水量较多，一般为原料量的 3 倍，经长时间加热浓缩后也有 2 倍，以汤水为主，汤水是否香浓、鲜美、滋润或滋补成了煲汤菜品的主要质量标准。

（3）注重火候，必须较长时间运用中慢火加热，才能够使原料充分出味，使其营养成分、滋味溶解在汤水中。

（4）粤菜煲汤，以使用瓦煲（一种专门用于煲汤的陶制器皿）为好，能使汤水味更香，而且汤水滚起时不会溢出。

（5）煲汤的菜品因季节气候而有所不同，夏秋气候炎热潮湿，适宜用清淡、清润而不肥腻的菜品；冬春气候干燥寒冷，适宜用浓郁、滋补而偏肥腻的菜品。

三、各种煲法的特点和制作

煲汤可以划分为清煲与浓煲两种，煲的技法基本相同，区别之处主要是用料不同，因而汤水的风味有清浓之分，而且按季节的不同也可分为清煲与浓煲。

清煲：所用肉料占总原料量的 1/2 以下，其他为非肉类原料（如蔬菜类）的配料，肉料含油脂较少，不肥腻，汤味鲜而香醇，汤色较清澈、清润。较适合夏秋季节选用。

浓煲：所用肉料占总原料量的 1/2 以上，甚至基本上以肉料为主，肉料含油脂较多，相对比较肥腻，汤味鲜而香浓，汤色较浑浊（如呈奶白色），滋补。较适合冬春季节选用。

（一）制作程序

原料处理—猛火烧水至滚—放入原料—猛火滚起—转用中慢火长时间加热—调味—成品。

（二）技术要领

（1）原料搭配合理。如果原料搭配合理，会具有特定的滋味、特定的营养价值和保健食疗功效。

（2）根据原料性质或菜品的要求，需要在煲前进行处理，原料的处理有以下几种情况：①较新鲜，没有异味的原料，洗净便可；②有异味的原料，要经飞水处理并洗净；③有特别异味的原料还需经煸爆处理；④鱼类原料需经煎的处理；⑤干货原料需经涨发处理或滚煨处理；⑥易散烂的原料需用竹笪夹好或用布袋装好。

（3）煲汤时，一般是水滚后下料，尤其是蔬菜类原料和经初步熟处理的原料；也可根据原料的受火程度分先后次序下料。

（4）火候掌握一般是放入原料先用猛火大滚约 10 分钟后转用中慢火，长时间加热 1.5~2 小时（视原料受火程度而定），临煲好前再转用猛火滚起约 10 分钟便成。也就是头尾用猛火，中途长时间使用中慢火。为防止长时间加热原料粘底产生焦煳，中途不要停火且要经常搅拌原料。

（5）煲汤是后期调味，以调入精盐为主，而且不需调十足的味。欠鲜味的汤可调些味精或白糖作增加鲜甜之用。

（6）上菜时可原煲上席，也可将汤水与汤料分开，跟盛有豉油、熟油的佐味碟上席。

（三）菜例

1. 塘葛菜蜜枣煲生鱼

用料：生鱼一条（约 500 克）、瘦猪肉 250 克、塘葛菜 750 克、蜜枣 4 颗、陈皮 1 件、姜件 10 克、精盐 10 克、生油 20 克、清水 3 000 克。

制作过程：

（1）将生鱼去鳞、鳃、内脏并洗净，用慢火将鱼两面煎至呈金黄色，用竹笪夹好。

（2）用猛火将瓦煲内的水烧滚，加入所有原料大滚约 10 分钟后转用中慢火加热（约 2 小时）。

（3）调入精盐（味精）再滚约 10 分钟即可。

（4）汤料装碟，塘葛菜在底，原条生鱼在面，瘦猪肉切件在面，跟盛有豉油、熟油的佐味碟上席。

质量要求：汤味鲜而香甜，清润，汤色略浊，有青菜色。

品种拓展：西洋菜蜜枣煲猪踭、冬瓜薏米煲鸭、剑花蜜枣煲猪肚等。

2. 发菜蚝豉煲猪手（浓煲）

用料：浸洗净发菜 200 克、湿蚝豉 250 克、猪手 750 克、姜件 25 克、葱条 25 克、生抽 25 克、精盐 10 克、绍酒 20 克、清水 3 000 克。

制作过程：

（1）猪手烧刮表皮、洗净，斩件后经飞水处理。

（2）发菜、蚝豉经过滚、煨处理。

（3）猛火将瓦煲内的水烧滚，逐一放入所有原料，猛火滚起约 10 分钟，转用中慢火加热约 2 小时（以猪手够稔身为度，汤水浓缩至 2 000 克），调味后再滚起约 10 分钟便成。

（4）汤料捞起装碟，发菜在底，猪手在中，蚝豉围边，跟盛有豉油、熟油的佐味碟上席。

质量要求：汤香而浓郁，汤色较浊，汤味鲜醇，稍有肥腻。

品种拓展：茨仔（土豆）煲牛腩、浓汤鸡煲翅、红枣节瓜煲牛骨等。

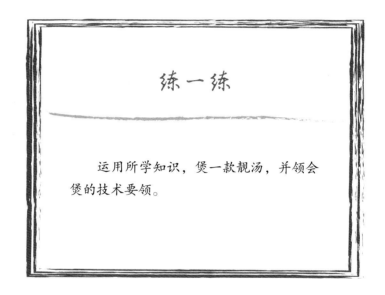

练一练

运用所学知识，煲一款靓汤，并领会煲的技术要领。

项目 17
烹调方法——滚

学习目标

1. 理解滚的含义、原理和主要特点。
2. 掌握滚的火候运用、调味特色。
3. 掌握滚的工艺流程和技术要领。
4. 掌握滚的分类及代表菜式的制作方法。

前置作业

1. 了解滚汤的火候运用。
2. 举例说明滚汤的不同品种。

一、滚的含义

滚，指滚汤，就是将加工好的原料依次放入用猛火烧滚的汤水中调味，通过短时间加热而成汤菜的烹调方法。

粤菜烹调中有两种滚的技法：一种是原料初步熟处理的加热方法；另一种是汤菜的烹调方法，又称为滚汤，它是完整菜肴制作的一种烹调技法。滚汤的烹调方法是全过程使用猛火，短时间加热，汤滚后依次加入原料滚至熟，调味后成为汤菜，它可以既保持原料鲜、嫩、爽、滑的质感效果，又取得鲜美汤水，既可吃料又可喝汤，而且原料中的各种营养成分也能得到较好的保持。要在较短时间内制作汤菜，最简便的方法就是滚汤。

二、滚的主要特点

（1）原料着重于鲜和嫩，可荤可素，而且往往是荤素搭配。

（2）原料的刀工形状多为细薄，不宜过于厚、大，一般较少带骨（大骨），便于快熟，易于出味。

（3）用猛火短时间加热，原料至熟或熟透即可，原料按易熟程度依次放入经猛火烧滚的汤水内，在高温中，原料快热且易熟，既保持了原料嫩滑或爽嫩的质感，又形成了汤清味鲜的美味汤水。

（4）滚汤的汤底既可用清水也可用汤水，按菜看档次而定。使用汤水作为滚汤的汤底，会大大提高汤菜的质量，使其更加清甜鲜美。

（5）滚汤菜品基本不需造型，汤、料混合在一起，不分主次，调味也比较简单，在加热过程中调味，只用精盐和味精即可，以突出原料的鲜味。

三、滚的分类与制作

滚汤的用料范围比较广泛，有荤有素。滚法可以分为两类，一类是一般肉料的滚汤，另一类是鱼的滚汤。前者应用清滚的方法，后者应用煎滚的方法。

（一）清滚

1. 特点

加工后的原料按次序放入用猛火加热至滚的汤水中，调味，短时间加热至熟或熟透而成汤菜。原料较为嫩滑或爽脆，汤清味鲜，这一类滚汤适用于大多数肉料。

2. 制作程序

猛火烧锅下油—潽酒—下滚汤（水）—猛火烧至滚—依次放入原料—调味—原料至熟或熟透—成品。

3. 技术要领

（1）全过程使用猛火。

（2）水滚后可以放入原料，要根据原料的易熟程度依次放入。

（3）为增加肉料的嫩滑、爽嫩口感，可以对其进行腌制或将其拌上湿生粉，对有异味或血水重的肉料，应先经飞水处理。

（4）掌握好原料的熟度，一般以保持原料嫩滑、爽嫩、软嫩为原则，加热时间不宜过长，个别菜品除外。

（5）调味一般在下齐原料后进行，味道不宜过浓、过重，以保持汤清味鲜为主。

4. 菜品制作实例：生菜猪肝肉片汤

用料：猪肝100克、肉片100克、生菜200克、姜片5克、精盐6克、味精

5 克、绍酒 20 克、生油 25 克、麻油少许、胡椒粉少许、二汤 1 000 克、姜汁酒适量、生粉适量。

制作方法：

（1）猪肝切片，用姜汁酒、生粉腌制，肉片用湿生粉拌匀。

（2）烧锅下油，下姜片，溅入绍酒，加入二汤，用猛火加热至滚，先放入猪肝（猪肝可先飞水再放入），再放入肉片，最后放入生菜，调味。

（3）用猛火加热至原料熟便成。

质量要求：肉料嫩滑、生菜翠绿、汤清味鲜。

品种拓展：咸蛋芥菜汤、陈菇蛋花肉片汤、杞菜鱼片汤等。

（二）煎滚

1. 特点

煎滚只适用于滚鱼汤，将鱼用油煎透后加入滚的汤水，用猛火烧滚至汤色呈奶白。成品汤色奶白香浓，味道鲜甜。

2. 制作程序

煎鱼—溅酒—下滚汤（水）—加盖，用猛火加热—调味—加入配料—烧滚至汤色呈奶白—成品。

3. 技术要领

（1）热锅冷油，用慢火将鱼两面煎透。煎鱼有三个作用：①减少腥味；②使汤味香浓；③鱼的蛋白质、脂肪更易溶解于汤水中，色更白、味更鲜。

（2）溅酒后加入烧滚的汤水，加盖，用猛火加热。加入滚水后汤马上就能滚起，用猛火加热能更快地使鱼的蛋白质、脂肪溶解于汤水中而形成乳浊液，使汤水呈奶白色。

（3）中途才放入配料。一方面，能使汤水尽快形成奶白色；另一方面，配料不会影响汤水的色泽，尤其是蔬菜。

（4）由于全过程使用猛火，加热时间比一般滚汤要长，水会蒸发得较多，因而所下汤水要比需要量多 1/3 以上，否则水易滚干。

4. 菜品制作实例：芥菜豆腐鱼头汤

用料：大鱼头 200 克、豆腐 100 克、芥菜 200 克、姜片 5 克、精盐 6 克、味精 5 克、绍酒 20 克、麻油少许、胡椒粉少许、二汤 1 500 克、生油 30 克。

制作方法：

（1）鱼头斩件洗净，芥菜切段洗净，豆腐切小件。

（2）烧锅下油，放入鱼头，用中

慢火将其两面煎透，潜入绍酒，加入滚汤（水），加盖，用猛火加热。

（3）中途加入豆腐、芥菜，调味，再用猛火加热至汤色呈奶白（水蒸发约1/3）即可。

质量要求：汤色奶白，味鲜甜而香浓，豆腐嫩滑，芥菜翠绿稔滑。

品种拓展：芫荽豆腐山斑鱼汤、豆腐鱼骨腩汤等。

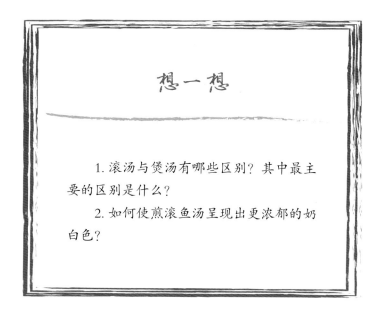

想一想

1. 滚汤与煲汤有哪些区别？其中最主要的区别是什么？

2. 如何使煎滚鱼汤呈现出更浓郁的奶白色？

项目 18
烹调方法——烩

学习目标

1. 理解烩的含义、原理和主要特点。
2. 掌握烩的火候运用、调味特色。
3. 掌握烩的工艺流程和技术要领。
4. 掌握烩的分类、代表菜肴的制作方法和质量要求。

前置作业

1. 羹与汤最大的区别是什么？
2. 您知道哪些烩羹的品种？

一、烩的含义

烩，指烩羹，是将多种体形较小并经初步熟处理的原料放入一定量的汤水中，调味后加热至汤水微滚，然后推入芡粉，使其成为羹汤的烹调方法。

一般将用烩的烹调法所制作的菜肴称为"羹"。这类汤菜讲究汤味鲜香，原料细嫩，口感柔滑，色彩明亮。烩羹首先要制汤，使汤水富含营养并且鲜美，加入切配细薄、质地软嫩或爽滑的原料，使汤、料混成一体，这一汤菜味道鲜香，口感软嫩、柔滑，颇具特色。由于烩羹时所用原料均经初步熟处理，并需使用熬制的汤水，因而加热时不需考虑具体火候，只需要将汤加热至微滚，然后推入芡粉，使其糊化后便可。烩羹虽属于汤类菜式，但与一般的汤菜又有所不同，其中最大的区别是"羹"有芡粉，入口柔滑，汤、料一体，是汤菜合一的热菜制作方法。

二、烩的主要特点

（1）原料使用广泛，有荤有素，可以有多种搭配。

（2）均为体形较小且不带骨的原料，形状多为片、丝、粒、蓉，这种细薄的原料才容易在羹汤中浮起，汤、料才能混成一体。

（3）绝大部分的原料都要经过初步熟处理，成为熟料，才烩入汤水中，而对于不同原料或不同菜品，初步熟处理的方法又有所不同，不同原料的不同熟处理方法成了不同品种羹汤制作的最大区别。

（4）加热的时间比较短，也没有特定的火候要求，只需要将汤水加热至微滚后推入芡粉，待其成熟、糊化即可，因为原料都是经特定的初步熟处理后才烩入汤中的。

（5）烩羹的调味也比较简单，主要是掌握好羹汤的芡色，芡色决定羹汤的风味特色。推入芡粉使其成熟、糊化，一方面能托起较为细薄的原料，使汤、料合为一体；另一方面能使汤变得柔滑而不同于一般的汤菜。

（6）粤菜的烩羹使用的汤多为清汤（即高汤、上汤），因而汤色清澈，味鲜甜而香醇，入口柔滑。汤的质量也决定了烩羹的质量。

三、烩的分类与制作

烩羹可根据芡色的不同而分为红烩和白烩两类，烩的技法基本相同。

红烩：指芡色为深红、浅红和金黄，味较为香浓。

白烩：指芡色除保持原汤色，还可以加入蟹肉、蛋清，呈白色，味较为清鲜。

（一）工艺流程

对原料进行初步熟处理—烧锅下油—潷酒—加入汤水—放入原料—调味—汤微滚时推入芡粉—下尾油—成品。

（二）技术要领

（1）原料的刀工处理，形状要协调、细薄、不带骨，以片、丝、粒、蓉为多。

（2）原料需进行初步熟处理，处理方法有以下几种：①植物原料经滚的处理；②鲜肉料经拉油处理或飞水处理；③熟拆肉的原料经蒸或滚、煲的处理；④干货原料经滚、煨处理等。

（3）料与汤应有一定的比例，一般为1∶2，而汤的使用是根据菜式的档次而定的，高档次用高汤，中档次用上汤，低档次用二汤，汤的使用在很大程度上决定了羹的质量。

（4）在汤微滚时推入芡粉，不能在汤大滚时推入。在汤大滚时推芡会使其易结团生粒，汤色浊而原料不够软滑。芡的稀稠度要掌握好，以能使原料浮起，与汤水混合成一体为原则，芡色则根据菜品要求而定，分清红烩与白烩的芡色要求。

（三）菜例

1. 三丝烩鱼肚（红烩）

用料：发好的鱼肚丝400克、笋丝75克、肉丝50克、叉烧丝25克、菇丝25克、韭黄50克、上汤1 250克、精盐 6 克、味精 5 克、老抽 3 克、绍酒20克、葱2条、姜2片、叉烧丝50克、二汤750克、胡椒粉少许、麻油少许、生油50克、湿生粉30克。

制作方法：

（1）将笋丝、菇丝滚过，肉丝拉油至熟，鱼肚丝经滚煨处理。

（2）烧锅下油，潵入绍酒，加入上汤和各种原料并调味（调色）。

（3）汤微滚后用湿生粉推芡，加入尾油和韭黄推匀即可。

质量要求：汤香味鲜、爽嫩柔滑，芡色明亮，呈金黄色。

品种拓展：蝴蝶海参羹、拆烩红鸭丝等。

2. 西湖牛肉羹（白烩）

用料：腌好的牛肉 300 克、蟹肉50 克、芫荽叶 2 克、蛋清 50 克、上汤 750 克、精盐 5 克、味精 5 克、胡椒粉少许、麻油少许、绍酒 10 克、湿生粉 20、生油 25 克。

制作方法：

（1）将腌好的牛肉剁碎，并进行飞水处理。

（2）烧锅下油，潵入绍酒，加入汤水、牛肉、蟹肉，调味。

（3）汤微滚后用湿生粉推芡，芡糊化后端离火位，徐徐推入蛋清，加入尾油和匀，装窝后在羹面放上芫荽叶便成。

质量要求：味鲜而香，呈白茭色，牛肉能浮起，稀稠合适。

品种拓展：鸡丝烩鱼肚、蛋蓉粟米鱼肚羹、杂锦烩鱼蓉等。

想一想

1. 羹与一般的汤有什么区别？其中最大的区别又在哪里？

2. 为什么烩羹时，推入茭粉时汤不能大滚？

3. 红烩、白烩各指什么？是否因烩法的不同而有所区别？

模块六

以水传热加温的烹调方法

项目 19
烹调方法——浸

学习目标

1. 理解浸的含义、原理和主要特点。
2. 掌握浸的火候运用、调味特色。
3. 掌握浸的工艺流程和操作要点。
4. 掌握浸法的分类和代表菜式的制作方法。

前置作业

您知道哪些浸的菜肴品种？

一、浸的含义

浸，就是将大量的液体传热介质加热至一定的温度，然后将原件（整体）的原料放入，使之浸没，并保持一定的温度，使原料慢慢受热至熟的一种烹调方法。

浸是一种对原料比较温和的加热方法，使原料在加热过程中慢慢受热，在浸制中，原料收缩、变性缓慢，内外容易受热一致，同时能保持原料自身水分不会大量脱出，因而成品会呈现出比较嫩滑的质感。

二、浸的主要特点

（1）选用比较新鲜、嫩滑的肉类原料。

（2）所需要的液体传热介质比较多，至少要浸没原料表面。量多，温度保持较好，原料易熟，受热也均匀。

（3）属于慢火加温，只要保持适当温度即可。

（4）以加热后调味为主，风味比较有特色。

（5）成品味鲜而嫩滑，嫩滑是浸最主要的特点。

三、浸的分类与工艺

（一）水浸

水浸是指用水作传热介质，将经处理后的生料放入已加热至微滚的大量水中，让生料慢慢受热至熟的方法。水浸较适合鱼类原料，成品肉质特别嫩滑。

1. 工艺流程

烧锅下油—爆香姜葱—加入清水，加热至滚—将原料放入水中—保持水温—原料刚熟即捞起装盘—调味—成品。

2. 技术要领

（1）水量要比较充足，猛火加热至水滚（约100℃）。

（2）将整体原料放入，水一定要浸过原料表面。

（3）慢火加热，但不能让水滚起，如水量多，温度能保持在90℃以上，则可以不加热。

（4）捞起时要防止将原料（主要是鱼）搞烂。

（5）调味合适，要掌握该菜品味道的特点。

3. 菜品制作实例：<u>五柳浸鲩鱼</u>

用料：鲩鱼一条（约1 250克）、五柳丝100克、蒜蓉3克、椒丝5克、葱丝5克、姜件15克、葱条10克、糖醋150克、湿生粉20克、胡椒粉1克、生油40克。

制作方法：

（1）宰鱼，去鳞、鳃、内脏，刮清黑膜、血污并洗净。

（2）用油爆香姜件、葱件下清水，使用猛火加热至水滚起。

（3）原条鱼放入，慢火加热，但不能让水滚起，刚熟即捞起，置于碟中。

（4）往鱼身撒上胡椒粉、葱丝、油，将五柳丝、糖醋、湿生粉打芡淋上鱼面。

质量要求：味鲜、肉质嫩滑，鱼身完整，色泽大红，酸甜醒胃。

品种拓展：豉油皇浸鲈鱼、山泉水浸鱼腩等。

（二）汤浸

汤浸是指用汤作传热介质，将经处理后的生料放入已加热至微滚的大量汤水中，让生料慢慢受热至熟的方法。汤浸较适合禽类原料，成品的肉质嫩滑，不仅不会损失原味，还会增加鲜味。

1. 工艺流程

汤加热至微滚—放入原料—保持水温—原料刚熟即捞起—刀工处理—装碟—调味—成品。

2. 技术要领

（1）按原料档次使用汤水（一般有上汤、二汤、鸡汤等），汤水量要足。

（2）水微滚后放入原料，如原料是原只禽类，要反复浸入与提起3次，使原料内外受热均匀。

（3）水温应保持在90℃以上，不能滚起，以原料刚熟为好。

（4）原料取出后，立即用冷汤水将其浸至冷却。

3. 菜品制作实例：上汤浸鸡（姜蓉白切鸡）

用料：光鸡1只（约800克）、上汤5 000克、姜蓉20克、葱米10克、精盐5克、味精3克、麻油少许、生油25克、冷鸡汤5 000克。

制作方法：

（1）光鸡去肺、屁股，洗净。

（2）将上汤加热至微滚，手执鸡头，将鸡身放入汤中，鸡膛内满水后提起，让汤水流出，再放入，再提起，反复3～4次，然后把鸡全部浸于汤内，水温保持在90℃左右，至刚熟。

（3）把鸡捞起，放入冷汤内，浸至鸡身全部冷却后取出。

（4）沥干鸡外表的水分，涂上熟生油，斩件后摆砌上碟。

（5）把姜蓉、精盐、味精、麻油拌匀，加入葱米、熟生油后用小碟盛装，作为佐料。

质量要求：味鲜，肉质嫩滑而皮爽，刀工均匀，造型美观。

品种拓展：菜胆上汤鸡、金华玉树鸡、葱油淋鸡等。

（三）油浸

油浸是指用油作传热介质，将经处理后的生料放入已加热至180℃的热油中，端离火位，利用油温将原料加热至熟的方法。油浸适用于一些特别的鱼类，成品外香而内嫩。

1. 工艺流程

腌制原料—将油加热至180℃—放入原料后端离火位—原料受热至刚熟—原料置于碟上—淋上味汁—成品。

2. 技术要领

（1）原料一般要经腌制，主要用姜汁酒、生抽腌制。

（2）掌握好放入原料时的油温，要视原料数量、油量而定，原料放入后一般要离火，利用油温将原料加热至熟。

（3）取出原料，置于碟上，另行调味，一般使用豉油皇汁。

3. 菜品制作实例：<u>油浸山斑鱼</u>

用料：山斑鱼400克、葱丝25克、姜丝25克、红椒丝30克、姜汁酒20克、生抽10克、豉油皇汁30克、胡椒粉少许、生油1 000克（耗油30克）。

制作方法：

（1）山斑鱼去鳞、去鳃，开背取出内脏，洗净后用姜汁酒、生抽腌制。

（2）将油加热至180℃，放入山斑鱼，停火，使其浸至熟，捞起置于碟上。

（3）撒上胡椒粉、姜丝、葱丝、红椒丝，溅入沸油，淋入豉油皇汁便成。

质量要求：味香而肉质鲜嫩，味汁可口。

品种拓展：油浸生鱼、油浸乌鱼、油浸鲈脯等。

想一想

1. 除了本书所讲的水浸、汤浸、油浸之外，您还认识哪些浸法？它们分别有哪些特点？

2. 油浸与油炸有什么区别？

项目 20
烹调方法——灼

学习目标

1. 理解灼的含义、原理和主要特点。
2. 掌握灼的火候运用和调味特色。
3. 掌握灼的工艺流程和操作要点。
4. 掌握灼的分类和代表菜式的制作。

前置作业

1. 了解灼的火候和调味特色。
2. 您知道哪些灼的菜肴品种？

一、灼的含义

灼，就是把生料放入用猛火加热至大滚的汤水中，使生料迅速至刚熟的烹调方法，一般跟佐味碟蘸食。

灼是将原料迅速加热至熟的方法，原料在较高温的水中迅速受热，收缩、定型至熟，清鲜爽脆，用料也比较广泛。一般使用较新鲜、爽脆的肉料原料，调味也可多样。

二、灼的主要特点

（1）原料要新鲜，质地爽口或脆嫩。

（2）原料要比较容易至熟，不宜厚大、带骨。

（3）用于灼的水要较多，大滚时才放入原料，整个过程使用猛火，刚熟即可。

（4）以佐味碟调味，味汁具有一定的风味特色。

（5）成品味鲜，以保持原味为主，质感爽口或脆嫩，部分要求香味较足。

三、灼的分类与工艺

（一）白灼法

白灼法是生料经刀工处理和腌制后，直接放入已加热至大滚的味汤中，迅速至刚熟的方法。白灼的原料多为肉类，而部分肉料带有腥臊异味，因而多采用腌制、加入姜葱酒和灼后爆炒等方法进行增香、去除异味。

1. 工艺流程

腌制原料—猛火加热汤水—水大滚时放入原料—迅速至刚熟—爆炒—装碟—跟佐味碟—成品。

2. 技术要领

（1）原料是否要腌制，应视原料性质而定。

（2）用少许油爆香姜葱，潲酒后才放汤水，目的是增加香味，去除异味。

（3）全过程使用猛火，水大滚后才放入原料，迅速至刚熟。

（4）原料灼熟后如要进一步去除腥臊异味，要重新在油锅中使用猛火煸爆后才上碟。

（5）佐味碟中的调味汁调配合适，有风味，与原料味道相配。

3. 菜品制作实例：白灼鲜鱿鱼

原料：新鲜净鱿鱼 500 克，姜汁酒 10 克，绍酒 15 克，姜件 20 克，葱条 20 克，生油 40 克，二汤 750 克，虾酱 20 克，蚝油 20 克。

制作方法：

（1）将鲜鱿鱼改切花纹后切件，用姜汁酒腌制。

（2）烧锅下油，爆香姜、葱，潲绍酒，加入二汤，使用猛火加热至大滚，去掉姜葱，放入鲜鱿鱼，迅速至刚熟，倒起，滤清水分。

（3）烧锅下油，放入鲜鱿鱼，

使用猛火煸爆，灒绍酒后装碟。

（4）烧沸油，溅入分盛虾酱和蚝油的小蝶中，与鲜鱿鱼一同上菜。

质量要求：刀工形状美观，味鲜而脆嫩，味汁具有风味。

品种拓展：白灼竹节虾、白灼响螺片、白灼鹅肠等。

（二）生灼法

生灼法是指直接将生料放入猛火加热至大滚的水中，使生料迅速至刚熟的方法。生灼适用的原料为动、植物，但一般多用于植物原料。

1.工艺流程

猛火加热至水大滚—放入原料—迅速至刚熟—装碟—跟佐味碟—成品。

2.技术要领

（1）全程使用猛火，水滚时下料。

（2）如为蔬菜原料，可下些油在水中。

（3）水量比原料要多，原料才能迅速至熟。

（4）味汁一般用味碟盛装，也可直接淋在原料上。

3.菜品制作实例：生灼芥蓝远

用料：净芥蓝远200克、姜丝5克、绍酒20克、椒丝15克、味精1克、生抽25克、生油25克、白糖3克。

制作方法：

（1）剪改芥蓝远，长约12厘米。

（2）烧锅下油，下姜丝略爆，灒入绍酒，下水。

（3）猛火烧水至滚，放入芥蓝远，迅速至熟，倒起，滤清水分。

（4）把芥蓝远排放装碟，将椒丝、生抽、味精、白糖、熟油调匀，淋在菜面上即可。

质量要求：芥蓝远青绿，质感爽脆，味汁鲜美。

品种拓展：生灼水东芥、生灼鲜木耳、盐水菜心等。

想一想

白灼与生灼是否有区别？如有区别，则区别在哪里？如无区别，为什么它们的称谓不同？

项目 21
烹调方法——煮

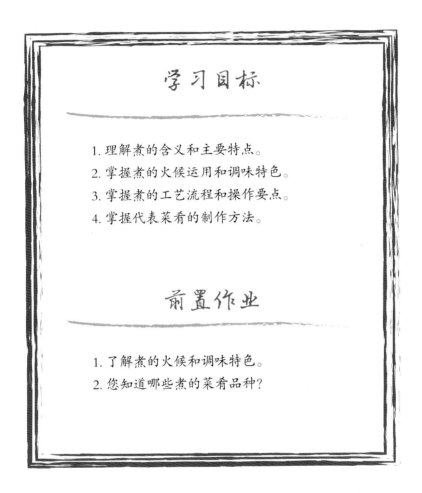

学习目标

1. 理解煮的含义和主要特点。
2. 掌握煮的火候运用和调味特色。
3. 掌握煮的工艺流程和操作要点。
4. 掌握代表菜肴的制作方法。

前置作业

1. 了解煮的火候和调味特色。
2. 您知道哪些煮的菜肴品种?

一、煮的含义

煮，就是指将经处理后的原料放在量较多的汤汁（水）中，先用猛火烧滚，再用中火或慢火加热，使原料熟透并经调味成为有较多汤汁的菜肴的烹调方法。

煮利用较多的汤水作为传热介质，经一定火候的加热，使原料熟透，甚至软滑、稔滑，经调味后原料相互融合渗透，形成较好的滋味和软滑的质感。煮的菜肴具有汤菜合一、汤宽汁香、口味鲜而质感嫩滑或软滑的风味特色。

二、煮的主要特点

（1）用料比较广泛，一般由两种以上的原料组成。

（2）原料在煮前一般要经过腌制或初步熟处理。

（3）煮的过程一般以中火为主，加热时间根据原料性质或菜式要求而定。

（4）汤汁用量较多，汤菜合一，汤宽汁香，味鲜而嫩滑或软滑。

三、煮的工艺与制作

1. 工艺流程

煮前预制—爆香料头—放进原料—潜酒—加入汤汁（水）—中火加热—调味—熟透或软（稔）滑—成品。

2. 技术要领

（1）原料选配合适。

（2）原料刀工、腌制和初步熟处理根据原料性质或菜式要求而定。

（3）加热火候合适，先用猛火滚起，转用中火或中慢火加热，原料一般至熟透或嫩滑、软滑等，火候要根据原料性质或菜式要求而定。

（4）汤汁量合适，可以上席时继续加热。

3. 菜品制作实例：锅仔酸菜鲈鱼

用料：加州鲈鱼 1 条（约 500 克）、咸酸菜 200 克、青红椒件 50 克、香芹 25 克、芫荽段 10 克、姜片 5 克、葱段 10 克、精盐 3 克、味精 2 克、白糖 5 克、鱼露 15 克、绍酒 10 克、胡椒粒 0.5 克、麻油 0.5 克、干生粉 10 克、生油 30 克、二汤 200 克。

制作方法：

（1）将鲈鱼宰杀干净，切为厚约 1 厘米的金钱件，用干生粉拌匀。

（2）咸酸菜漂水，拧干后切细。

（3）鲈鱼件拉油至四至五成熟后倒起，滤清油分。

（4）下料头、咸酸菜并爆香透，潜入绍酒，加入二汤、鱼件、胡椒粒，调味，煮至鱼熟，最后加上葱段、芫荽，倒入锅仔便成（上席后可继续加热）。

质量要求：汤味鲜香而浓，带有酸辣风味，肉质嫩滑，色彩鲜艳。

品种拓展：萝卜煮鱼松、香芋腊鸭煲、锅仔咸菜猪肚等。

想一想

　　为什么广州人习惯把烹调菜肴叫作"煮餸"？如何理解这个"煮"字？

项目 22
烹调方法——焅

学习目标

1. 理解焅的含义和主要特点。
2. 掌握焅的火候运用和调味特色。
3. 掌握焅的工艺流程和技术要点。
4. 掌握各类焅制品的特点、制作过程、质量要求。

前置作业

1. 了解焅的火候与调味特色。
3. 您知道哪些原料是用焅的方法制作的吗？

一、焅的含义

焅，就是把几种不同的原料放在一起，加入汤水，经过较长时间的加热过程和调味，使缺乏鲜味、香味和胶质的原料融合渗透，形成美好滋味的一种烹调方法。

焅其实应属于原料的初步熟处理，但由于其制作过程往往是某些菜肴制作的主要内容和重要过程，因而也可作为一种具体的烹调方法。有些烹饪原料（包括一些名贵的烹饪原料）本身的鲜味、香味或者胶质比较少，为了使其形成美味可口的质感，需要使用其他原料（主要是肉料）通过爝的烹调方法，使其增加鲜味、香味和胶质等。爝的过程有助于各种原料在汤水中溶解和渗透，加上调味的技巧，在火候的运用下，使原料更美味可口，同时提高原料的可食性和口味档次。

二、爝的主要特点

（1）两种以上的原料搭配，而且能互补或补充单种原料滋味的不足。

（2）用于爝的原料一般要经初步熟处理。

（3）不同原料的爝制目的、质量要求和制作过程等都有所不同，具体爝法应依据原料的特性、品种、要求而定。

（4）不同的原料在水和火候、调味的作用下，相互融合、渗透，形成味鲜、香浓、软滑的品质效果。

（5）爝一般使用中慢火并加热较长时间。

三、爝的分类

（1）按成品的色泽、味道分为：①红爝；②白爝。

（2）按加热方式分为：①煲爝；②蒸爝。

四、各种爝法的特点与工艺

（一）红爝

1. 特点

红爝的成品色泽带红，味道鲜而香浓，胶质比较丰富。红爝一般用于肉料或海味干货，采用煲爝的效果比较好。

2. 工艺流程

爝前原料的处理—原料放置在器皿中—加入汤水—调味—先猛火后慢火加热—至够身—成品。

3. 菜品制作实例：爝鲍鱼

用料：鲍鱼 500 克、老鸡 1 500 克、排骨 1 500 克、鸡脚 500 克、火腿 100 克、冰糖 50 克、蚝油 50 克、老抽 5 克、二汤 1 000 克。

制作方法：

（1）鲍鱼浸、煲发各约 12 小时。

（2）老鸡、排骨斩件，与鸡脚一齐经飞水处理后用猛油温拉油。

（3）使用砂锅，垫上竹笪，先放一层配料，中间放鲍鱼，上面再放一层配料，加入二汤，使其浸过面，加盖，先猛火至滚后转用慢火。

（4）滚后加入蚝油、老抽和冰糖，慢火加热约 5 小时，如不够身，再加入二汤，再煲，直至鲍鱼够身为止。

爝制后的鲍鱼为半成品，目的在于使鲍鱼吸收各种肉料、味料的滋味和达到一定的软韧度，然后再根据菜肴的要求制成成品菜式。

质量要求：色泽金红，味香浓，滋味丰富，软韧度合适，焖好的鲍鱼能起溏心。

品种拓展：焖红鸭、焖猪手、焖凤爪、焖鹅掌、焖圆蹄等。

（二）白焖

1. 特点

白焖不需要调色，以保持原料原色为主，味鲜，香而不浓，主要用于植物原料。白焖采用蒸也可，但香味会不足。

2. 工艺流程

焖前原料处理—将原料按层次放在器皿中—加入汤水—调味—焖制—至够身—成品。

3. 菜品制作实例：瓜脯（冬瓜或节瓜）

用料：冬瓜 1 000 克、鸡骨 250 克、田鸡骨 100 克、瘦猪肉 100 克、火腿 25 克、瑶柱 50 克、精盐 10 克、味精 10 克、白糖 20 克、二汤 500 克。

制作方法：

（1）将冬瓜（节瓜）改切成瓜脯状，用油炸，漂清水后捞出。

（2）将瓜脯置于盆中，鸡骨、田鸡骨、瘦猪肉等经飞水处理后与火腿等放入盆内，加入二汤浸过表面，调味后放进蒸柜内，蒸透入味便成。

焖好的瓜脯是半成品，目的是使瓜脯吸收肉料的鲜香味并稔滑够身。瑶柱可捣散后继续使用，如用作瑶柱扒瓜脯。

质量要求：味鲜而香，稔滑，形状完整、美观。

品种拓展：焖柚皮、焖裙翅等。

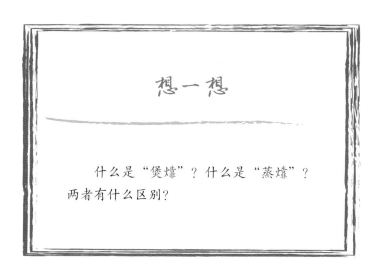

想一想

什么是"煲焖"？什么是"蒸焖"？两者有什么区别？

模块七

以锅、水、油结合传热
加温的烹调方法

项目 23
烹调方法——炒

一、炒的含义

炒是将经加工而成的较细小的原料，放在有少许油的热锅中，用猛火加热和不断翻动，使原料均匀受热至熟并调味成菜的烹调技法的总称。

二、炒法原理

炒是粤菜中最常用、最基本而又变化最多的烹饪方法。这种技法是原料在高温、少量热油中短时间加热，迅速至熟，原料既能较好地保持鲜味和独有的爽、嫩质感，又能和油脂、料头、酒以及调味料的香味迅速融合，在高温下形成独特的"镬气"香味。

炒制时由于汤水原料直接与铁锅接触受热，温度传递得较快，因而要不断翻动原料，使其均匀受热，在短短几十秒至几分钟内至熟成菜。由于在选用原料上的多样性，以及在使用辅料和调味料上的多变性，炒制的菜肴在味觉、视觉上都极为丰富，菜式变化最多，乃至人们把烹制菜肴都称为"炒菜"。

三、炒的主要特点

原料的选择极为广泛，一般可分为主料、配料和料头。主料为肉料，多使用较为鲜嫩或脆嫩的肉料，配料一般为蔬菜原料。

原料的刀工较为精细，形状多为丁、丝、粒、片、球、条等，主配料形状要相互配合，肉料基本不带骨，较厚的肉料通常要切花纹，目的是使其易熟。炒制是以铁锅和少量油作为传热介质，油脂在加热后与原料、调料结合产生酯化反应，形成特殊的香味。炒的时候一般使用猛火，加热时间短，可以在几十秒至几分钟内至熟，因而能较好地保护原料的营养成分和味道，使菜肴味香而清爽，滋味丰富。炒制可以根据不同原料、不同炒法、不同火候运用而达到不同的质感效果，如细嫩、软嫩、脆嫩、嫩滑、爽脆等，这是炒法所特有的。炒制菜肴，大都把菜肴的嫩度作为主要标准，嫩是炒法最重要的技术效果之一。常言道，"烹熟容易烹嫩难"，菜肴之嫩，除了很大程度取决于原料的质地外，还要讲究炒的火候和方法。火候不当，就算是质地嫩的原料，也会变得"老、韧、霉"。因此，整个炒制过程都要注意技术处理，如刀工，原料腌制，适度上粉、浆，油温、火候的掌握等，使原料保留较多的水分，尽可能减少失水，这样才能使菜肴达到嫩的效果。

四、炒的分类及其特点

根据对主料的不同处理方法可划分为：拉油炒、生炒、熟炒等；根据原料的特殊性可划分为：软炒、油泡、清炒等。在以上炒的技法中，以拉油炒最为普遍，品种变化亦最多。

（一）拉油炒法

肉料经拉油至仅熟后，与配料混合，一起用猛火进行短时间加热，调味、打芡而成菜。肉料能保持嫩滑或脆嫩质感，操作快捷，"镬气"香，芡紧而匀滑，菜品油亮。

（二）软炒法

以蛋液、牛奶等为主料，配以一些无骨的肉料或细薄和脆嫩的原料，使用中火加热，炒成柔软嫩滑、凝结至熟的菜肴。成品清香、嫩滑或软滑，以鲜味为主，色泽金黄或洁白，是炒法中的特殊技法。

（三）生炒法

肉料经腌味后，直接生炒至仅熟，放入经初步熟处理的配料，调味、打芡炒匀而成菜。此炒法与拉油炒法不同的是肉料不经拉油，而是直接生炒，其他与拉油炒法大致相同。"镬气"较香，色泽稍欠鲜明，肉料熟度稍难掌握，适宜家庭制作。

（四）熟炒法

肉料本身已是熟料，将其与已经经过初步熟处理的配料一起炒匀，调味、打芡而成菜。这一炒法可以扩大原料的使用范围，增加菜式品种，而且别具风味。

炒的菜品，一般都是由主料、配料及料头（炒制菜肴有基本固定的料头）三者构成，它是粤菜中最基本、最常用的，同时又是粤菜烹调中最有代表性的一种烹调方法。它的特点是：

（1）制作简便快捷，适用性广，效率高。

（2）用料广泛，菜肴用料可名贵、可一般，海产、肉类、飞禽走兽、干鲜物料、时菜瓜果等原料，几乎都可以使用，所以，可用炒的方法烹制的菜肴数量之多，在各种烹调方法中无出其右。

（3）味道可口，除了具有原料本身的鲜味、肉香味等之外，还具有粤菜甚为讲究的特定香气，即"镬气"香，因此，炒制菜品深受人们喜爱。

五、炒的工艺流程

（一）拉油炒法

刀工—配料初步熟处理—调碗芡—肉料拉油（先飞水后拉油）—下料头、配料、肉料—潵酒—下碗芡，炒匀—下尾油—成菜。

（二）软炒法

选料—（配料）刀工—打蛋—调味—配料初步熟处理—炒制—成菜。

（三）生炒法

刀工—肉料腌味—配料初步熟处理—肉料炒制—加入配料—炒制—调味、打芡—成菜。

（四）熟炒法

熟肉料—刀工—配料初步熟处理—调碗芡—肉料加热—下料头、配料—潵酒—调味、打芡—下尾油—成菜。

六、炒的操作要领

（一）拉油炒法

选用较为鲜嫩或脆嫩的原料，以肉料为主，蔬菜为辅，通常按 1:2 的比例搭配，选蒜头、姜、葱等作料头。原料在炒前用较多的热油拉油至仅熟，然后与经初步熟处理的配料混合炒，炒时火要猛，进行短时间加热，并调味、打芡而成菜。该炒法是以肉料经拉油处理后炒为主要特点。拉油后的肉料特别嫩滑或脆嫩，色泽鲜明。拉油的油温，根据肉料性质，通常分为 3 种：慢油温，90℃～120℃，适用于嫩滑的肉料；中油温，120℃～150℃，适宜较脆嫩的肉料；猛油温，150℃～180℃，适用于含水分多、易熟、要求爽脆的肉料。控制肉料拉油所采用的油温，是拉油炒法的重要环节。

最后炒制的时间很短，火猛，成菜快，这个过程要完成下料、灒酒、调味、打芡、加入尾油等几个步骤。调味、打芡要求准确，如操作不慎，会直接影响菜肴的质量。调味、打芡有两种方式，一种称"碗芡"，另一种称"锅上芡"，应根据原料的形状、厚薄度来决定，细薄易熟的原料采用碗芡，厚大难熟的原料采用锅上芡。

配料在炒时要进行初步熟处理，方法一般有两种，一种是煸炒，熟后的蔬菜青绿、脆嫩、香气足，煸炒时可灒入少量的水，使用猛火短时间加热至刚熟。小部分质地较实、不宜煸炒的蔬菜原料，如笋、菇、萝卜等，可使用滚的方法至熟。无论是煸炒还是滚，都要调味，使原料具有一定的内味。

（二）软炒法

软炒法可分为炒蛋类和炒奶类，炒蛋又具体分为炒滑蛋、炒桂花蛋、炒黄埔蛋等。这些炒法，无论在用料、手法或品质要求上都不尽相同。炒滑蛋是最常见的炒蛋，其主料是蛋，配料可以是较细嫩或脆嫩的净肉原料，也可以是一些蔬菜类原料，刀工形状一般为丝、片或粒。肉料要经初步熟处理后才与蛋一起炒。炒蛋需在加热前即打蛋时调味，味料也比较简单，主要是盐与味精，但要加入少量油一起打匀，目的是使炒出来的清蛋更香滑，炒时也不易粘锅。炒滑蛋的关键是掌握好火候，火候不要猛，一般用中火，炒至刚熟，不要干身，更不要起焦黄色；但火候不够，又会造成部分蛋液未熟透而流出来。炒时用锅铲不断翻动，使蛋液受热均匀、熟度一致，稍一过熟，蛋就不嫩滑。因此，炒滑蛋时掌握熟度是最重要的。

桂花蛋与滑蛋的炒法刚好相反，要炒透，蛋要呈桂花状，而配料上多用比较名贵的海味原料，如鱼翅、瑶柱、鱼肚等，炒时要注意手法，尽量把蛋炒散、炒香，使其呈桂花状，炒的过程中要灒入绍酒，炒至干身，香味够浓。在配料的组成上，多有银针、火腿丝、粉丝等。

炒黄埔蛋又是另一种炒法，其成品形状和制作手法与其他炒蛋完全不同。黄埔蛋只有一种原料，就是鸡蛋，没有配料和料头，按特定的手法：逐铲堆叠，炒成仅熟的、折叠成一块的布状蛋。火候、手法及油量要配合巧妙，难度较大，不易掌握；调蛋时加入的油量较多，通常 500 克鸡蛋需加入油约 150 克，这对其形成布状和香滑口感有很大的作用。

炒牛奶其实是将蛋清与牛奶一起炒至刚熟凝结、香而软清的菜肴。炒时应注意以下几点：牛奶、蛋清要新鲜，按一定比例搭配，一般为 3∶2，并加入一定分量的淀粉；用具要干净，使用清油，最好用猪油；热锅冷油，油不要太多，倒入原料时，要拌匀，防止淀粉沉底。炒时火候不能过猛或过慢，一般用中火；炒时手法最重要，翻动次数不能过多，而逐铲将凝结的部分铲起，堆叠成块，翻动次数过多或方式不对都会炒"烂"；牛奶易抢火，底部会焦烟，铲时要注意不能把焦烟的物质铲在洁白的奶内。总之，炒牛奶的技术要领较多，稍有失误，便会导致菜肴失败。炒牛奶的质量要求是凝结而软滑，洁白，堆成山形，奶香味浓。

（三）生炒法

肉料一般经腌入味，多为盐、糖、味精、酒、生粉，也可用少许生抽，如要求更加嫩滑或爽脆，可用少许食粉拌匀后腌制约 20 分钟。先将配料进行初步熟处理，即根据原料性质采用煸炒或滚的方法（与拉油炒法相同）。再重新烧锅下少许油，放入肉料不断翻炒，使其受热均匀并至刚熟，一些较为厚大的肉料可以加少量汤水略煮。肉料刚熟后，放入已经熟处理的配料，直接进行调味炒匀，用少许湿生粉打芡，下尾油便可完成。由于肉料是用少许油直接炒熟的，因此，油量要适中，炒时火候不要太猛，要用锅铲将原料不断翻动，使其均匀受热而不会焦烟，炒至刚熟就可以加入配料一齐炒。动作要迅速利落，火候要掌握好，否则，菜肴质量难以达到要求。

（四）熟炒法

肉料熟的情况有多种：有些肉料有韧感，经初步熟处理至稔后可以用于炒，如鲍鱼、蚝豉等；一些肉料经特殊初步熟处理后再炒，会增加菜肴的另一种风味，如鱼松、虾丝、鱼丸、鱼青、黄鳝丝等；一些烧卤成品可以再用于炒，如叉烧、烧鹅、烧鸭、卤味猪肝、猪脷等。这些熟料的处理，不同性质会有不同的风味效果。熟炒法与拉油炒法、生炒法在操作方法、要求上相近，只是对肉料的处理有所不同，菜肴的风味也有所不同。

七、炒的菜式品种举例

（一）拉油炒法

菜例：豉椒炒牛肉。

主料：腌好的牛肉 200 克。

配料：辣椒 300 克、蒜头 1 克、姜 1.5 克、葱 1.5 克。

调料：豉汁 15 克、精盐 5 克、味精 3 克、白糖 10 克、老抽 2.5 克、绍酒 10 克、生粉 10 克、生油 500 克（耗油 50 克）、芡汤 20 克、湿淀粉 10 克。

制法：①牛肉横放，切薄片，腌制约 1 小时，辣椒去蒂、去核、切件。切蒜蓉、姜米、葱段作料头。②烧锅下油，使用猛火煸炒辣椒件，要加入少许水、盐，至刚熟后倒入疏壳，滤去水分，调好碗芡。③重新烧锅下油，至油温约100℃时放入牛肉拉油至刚熟，倒入笊篱，滤清油分。④利用锅中余油下料头、椒件、牛肉，瀠绍酒，下碗芡，迅速炒匀，下尾油，上碟。

特色："镬气"香，豉汁冶味，咸鲜带微辣，芡紧色鲜，椒子爽脆，牛肉嫩滑。

（二）软炒法

菜例：白雪鲜虾仁。

主料：鲜牛奶300克、鸡蛋清150克。

配料：腌虾仁300克。

调料：精盐1.5克、味精7.5克、生粉15克、猪油100克。

制法：①牛奶、鸡蛋清、生粉按一定分量比例调配好，并加入盐、味精调匀。②烧锅下油，油温约150℃时将虾仁拉油至刚熟，倒起，滤清油分，放入牛奶中。③烧热净锅，下油搪锅，倒入全部牛奶原料，中火加热，用锅铲按特定手法将牛奶炒至凝结刚熟，凝结时可在锅边逐少加油，堆叠成山形，上碟。

特色：色泽洁白如雪，口感软滑，奶味香浓，滋味鲜美，虾仁脆嫩。

（三）生炒法

菜例：味菜炒鸡柳。

主料：鸡肉200克。

配料：咸酸菜300克、青红尖椒25克、蒜蓉1.5克、姜1.5克、葱2克。

调料：糖醋25克、精盐3克、味精5克、绍酒10克、湿生粉10克、生油500克（耗油约50克）。

制法：①选用鸡胸肉，切成粗条，加入少许盐、味精、湿生粉拌匀，腌20分钟；②咸酸菜去叶，切成粗条，用清水浸漂，去咸味，拧干水分，再加入糖醋腌味；③青红尖椒切粗丝，切蒜蓉、姜丝、葱段；④烧锅下油，下味菜煸炒至透后盛起（如味菜没有用糖醋腌制，则要加白糖煸炒）；⑤重新烧锅下油，下料头，放鸡柳肉炒至刚熟，放味菜炒匀，调入糖醋，用湿生粉打芡，下尾油，上碟（该菜也可不用糖醋，用其他调味料调味）。

特色："镬气"香浓，味菜爽口，甜酸醒胃，鸡柳嫩滑，色彩鲜艳，风味独特。

（四）熟炒法

菜例：冬笋蚝豉松。

主料：蚝豉 225 克、叉烧 25 克。

配料：冬笋肉 300 克、湿冬菇 25 克、生菜 500 克、炸榄仁碎 25 克、蒜头 0.5 克、姜 0.5 克、葱 5 克。

调料：精盐 5 克、味精 5 克、蚝油 2.5 克、白糖 3 克、老抽 5 克、绍酒 20 克、湿生粉 10 克、生油 500 克（耗油 100 克）、麻油 0.5 克、胡椒粉 0.2 克、芡汤 35 克等。

制法：①浸发蚝豉，并用姜、葱将其滚煨至透身；②将蚝豉、叉烧切成幼粒，冬笋肉切成幼粒，冬菇浸透后切成幼粒，生菜洗净后剪成圆形片，直径 12~15 厘米；③切蒜蓉、姜米、葱米作为料头；④冬笋粒与冬菇粒滚过后，压干水分放入锅中，炒香盛起；⑤将芡汤、蚝油、老抽、麻油、胡椒粉、湿生粉调成碗芡；⑥烧锅下少许油，下蒜蓉、姜米、蚝豉粒炒透、炒香，再加入叉烧粒，与其他配料一齐炒香，加入葱米，下碗芡炒匀，下尾油后上碟；⑦撒上炸榄仁碎，生菜叶另碟跟上，食用时用生菜叶包吃。

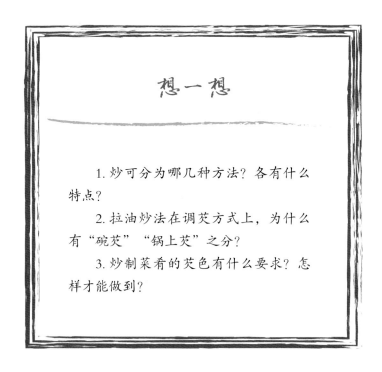

想一想

1. 炒可分为哪几种方法？各有什么特点？

2. 拉油炒法在调芡方式上，为什么有"碗芡""锅上芡"之分？

3. 炒制菜肴的芡色有什么要求？怎样才能做到？

项目 24
烹调方法——煎

学习目标

1. 理解煎的含义、原理和主要特点。
2. 基本掌握煎的火候运用和操作手法。
3. 掌握浆粉的运用。
4. 基本掌握煎法的工艺流程和代表菜式的制作方法。

前置作业

1. 了解煎的基本操作方法有哪些。
2. 了解煎的品种通常有哪些特点。
3. 您知道哪些煎的品种?

一、煎的含义

煎是把加工好的原料平放在有少量油的热锅中，用中慢火均匀加热，使原料表面呈金黄色并有芬芳香味而成菜的烹调技法。

二、煎的原理

煎制而成的菜的质感与炸法较为相似，原料在受热过程中与铁锅直接接触，在少量油脂的作用下，会形成香酥焦脆的表层。同时，由于原料（肉料）自身导热性能较差，不与铁锅直接接触到的部位，如内部受热就不高，水分挥发不多，只是外表受高温而迅速硬化，形成保护层，因而保持了原料内部的水分和鲜味，取得了外香、焦脆而内里软嫩的效果，这是炸的方法难以达到的。

煎与炸最大的区别是用油量，两者虽同属于油烹，但炸的用油量较多，原料能浮起而不与铁锅接触；而煎的用油量较少，原料一定要与铁锅保持接触，在少量油的作用下，直接的高温使原料迅速形成焦脆香酥的表层，保持内部的软嫩，产生了从色泽到质感都与炸法有所不同的特殊效果。

三、煎的主要特点

用于煎的原料为肉质细嫩的禽、畜、水产等肉类或蛋类，植物类原料不宜煎，只能作配料使用。原料多为扁平状、块状，不能过厚，以使其更好地受热均匀、易熟；而且焦脆面大、着色面大，更突出煎的效果。原料要进行腌制、上粉、上浆等，其中腌制是为了使其具有内味或更加软嫩，上粉、上浆是为了使其达到外层更加香、酥、脆的效果。

原料一般需要两面煎制（也有煎一面的）。使用火力较小，使原料呈现独特的金黄色或金红色（俗称煎色），外层煎香酥脆，而内部则保持软嫩。成品一般都有芡汁。

四、煎的分类及其特点

粤菜的煎法，一般有干煎、湿煎、软煎、半煎炸、蛋煎、煎封、煎酿7种。

（一）干煎法

将经过处理的原料直接煎至熟并呈金黄色，没有芡汁或封汁后收干身而突出其焦香风味的一种煎制技法。成品香气较为浓烈，色泽金黄，讲究煎色，口感甘香，肉质软嫩或爽嫩，味鲜。

（二）湿煎法

原料用中慢火煎至两面呈金黄色，然后加入料头和汤水，调味加温至熟，并用湿生粉打芡，味香而嫩滑。

（三）软煎法

将加工好的肉料上粉后，煎至两面呈金黄色，用稍多量的油炸熟，硬身，再经过封汁、打芡、淋芡等方法烹制、调味而成菜的具体技法。成品外焦香而内软嫩，有芡汁，芡汁多变。

（四）半煎炸法

原料腌制后上浆粉，采用先煎后炸的加热方法，煎是使其具有焦香，并定型、煎色，炸是使其熟、硬身、色泽更均匀。成品多为窝贴类品种，色泽金黄，外香酥化而内嫩味鲜。

（五）蛋煎法

将调味的蛋液加入经初步熟处理的配料，倒入有少量油的锅中，煎至两面呈金黄色，凝结成熟的圆形蛋饼的具体技法。成品甘香鲜嫩，型格圆而平整，呈金黄色。

（六）煎封法

适用于鱼的制作，将腌味的鱼煎透，两面呈金红色并熟，然后封入一种味汁，略煮入味而成。广义则可以理解为凡经煎熟后封入味汁的煎法。成品外焦香、内嫩滑，有封入味汁的特殊滋味，尤其突出了煎鱼的焦香风味。

（七）煎酿法

酿制品种的另一种煎制方法是将酿制馅料的原料，煎馅一面至呈金黄色，然后打芡成菜的技法。成品焦香味浓，馅鲜而爽滑，两种不同性质的原料有机地结合在一起，具有特殊的风味。

五、煎的工艺流程

（一）干煎法

选料—刀工—腌制—煎制—干身（封汁）—成品。

（二）湿煎法

选料—刀工—腌制—煎制—下料头略煮、勾芡—成品。

（三）软煎法

选料—刀工—腌制—上粉—煎制—打芡（封汁）—成品。

（四）半煎炸法

选料—刀工—腌制—上浆—贴成形—煎制—修剪—成品。

（五）蛋煎法

选料—配料刀工—打蛋调味—配料初步熟处理—蛋与配料调匀—煎制—成品。

（六）煎封法

选料—刀工—腌味—煎制—封汁—成品。

（七）煎酿法

选料—打馅—刀工—酿制—煎制—打芡—成品。

六、煎的操作要领

（一）干煎法

将主料经调味和腌制后直接煎制，一般煎至熟。原料成形为扁平状，煎面平整而阔大，主料一般不上粉浆。原料一般要煎透并熟，使用中慢火，如原料难熟，可逐少、多次加入油炸至熟，呈金黄色。成品可干上，如香麻鱼青脯，也可以封入少量味汁，如干煎虾碌等。

（二）湿煎法

主料经调味和腌制后先用中慢火略煎定型后，重新起锅，下料头，加入少量汤水调味，略煮至熟，最后用湿生粉勾芡装盘。湿煎法既能保持煎的香味，又能保持原料肉质的鲜、嫩、滑。

（三）软煎法

原料选用鲜嫩的禽畜肉料。原料要经过腌制，目的是使其具有内味、香味和更加软嫩。原料刀工处理有两类：一类是切改成肉脯形状；另一类是原边（禽类），煎后再切成长方形件。原料腌制后上粉，即用鸡蛋加入干生粉与原料，拌匀，外表再拍上薄薄的一层干生粉，使其外表有些酥脆。煎时先下锅定型，油量先少后多，两面煎至呈金黄色后，再逐少加油略炸至原料熟并且硬身。成品要封汁或打芡，肉脯类多为封汁，软鸡、软鸭类多为淋芡，多使用预先调制好的味汁，不同的味汁具有不同的风味（如橙汁、柠檬汁等）。

（四）半煎炸法

菜式为窝贴类品种，用料通常由两种或两种以上的原料组成，由一件（或两三件）肉料和一件肥肉件相贴而成。刀工形状多为长方形（日字形），规格为长5厘米×宽3厘米×厚0.5厘米，肥肉要薄一些，用曲酒、盐、味精腌制，其他肉料要腌味。原料要上窝贴浆（按蛋液与生粉1∶1的分量调匀），原料分别上浆后整齐地贴在一起，并用少许干生粉定型。将原料排放下油锅，先煎肉料一面，再反转煎肥肉一面。煎时油量可多一些，定型并呈金黄色后，逐少下油将其炸至熟且硬身后提升油温，迅速捞起。稍凉后，用剪刀剪齐四边，剪成长方形件，排放上碟（跟淮盐、喼汁等佐味料上席）。

（五）蛋煎法

主料是蛋，调味打匀，放入经初步熟处理的、切得较为细薄的所需配料，配料可荤可素。煎时可采用直煎和半熟煎。直煎即将调味的蛋液加入初步熟处理后的配料，倒入有少量油的热锅中，慢火均匀加热，使蛋液底部开始凝结，呈金黄色时，将其翻转，再煎另一面，至熟且呈金黄色。由于是直接煎，蛋液较难凝结至熟，很难翻转煎另一面，因此只适宜煎量较少的蛋饼，而且较难控制火候和熟度。半熟煎是将调味的蛋液倒入有少量油的锅中，炒至五成熟，取出，加入经初步熟处理的配料拌匀，再重新下锅摊开，煎至两面呈金黄色且熟。后者由于是半熟后才煎，因而易熟、易凝结，容易掌握火候和熟度，尤其是蛋量较多的蛋饼，比较容易煎。还有另一种煎法是在半熟的基础上，将其煎成直径约5厘米的小圆蛋饼，这种煎法源于大良煎蛋的制法。煎时油量不可太多，应逐少加油，并采用"筛锅"（端起锅稍转动使油均匀分布）的手法使其着色均匀。

煎蛋饼的质量标准是：型格圆，厚薄均匀合适，面平整；着色均匀，呈浅金黄色，底面色一致；蛋要熟，较为嫩，不能煎老火；味道合适。

（六）煎封法

多选用鱼类原料，尤其是咸水鱼类，冰鲜也无妨。原条鱼煎制，也可分段煎制，煎前用姜、葱、酒、盐或生抽腌味，使其内味更好、更香。热锅，下冷油搪锅，原料平放在锅中，用中慢火加热，外表煎至呈金红色，煎透，再煎另一面，一般煎至熟。如未熟可稍加入多量油炸熟，煎时油量适中，油太少则易焦色，油太多则不易煎香。也有采用炸代替煎的做法，但质量效果比不上煎，肉质干而欠缺肉汁，但操作简便快捷。将煎好的鱼取起，利用锅中少许余油，下料头，下鱼，封入煎封汁，略煮，使其入味便可。

（七）煎酿法

两种原料组合，其中一种为胶馅类原料（如虾胶、鱼胶等），酿制成特定的形状。胶馅的酿制是菜肴品质好坏的关键，馅要味鲜而爽滑，有弹性。酿制时形状大小要均匀，面要平，稍微突出于被酿原料。多数酿制品种为一面馅，只需煎一面；个别品种是两面馅（如酿凉瓜），则煎两面。被酿原料是肉料的，也可以煎两面（如酿明虾）。煎面呈金黄色、焦香，多数不用煎熟，少数需直接煎熟上碟，另行打芡。成品一般要打芡或封汁，通常可以略煮后用湿生粉打芡，成芡后上碟，部分品种是煎好后上碟，另行打芡（金黄色）淋在原料表面上。

七、煎的菜式品种举例

（一）干煎法：干煎虾碌

主料：大虾（明虾）500克。

调料：茄汁35克、喼汁15克、精盐2.5克、味精5克、白糖5克、绍酒10克、麻油0.5克、胡椒粉0.1克、生油100克、上汤100克。

制法：①将大虾修剪干净（去爪、枪、屎肠、尾等），斜刀切件（粤语为"碌"）；②烧热铁锅，下油搪锅。放入大虾，用中慢火直接煎至熟，外表呈金黄色；③将味料调成味汁，倒入锅内，与虾炒匀；④稍收干汁即可上碟。

特色：香味浓烈，色泽金红，味鲜带酸甜，滋味丰富，肉质爽实，口感极佳。

（二）湿煎法：茄汁煎虾碌

主料：大虾（明虾）500克。

料头：蒜蓉1克、姜米1.5克、葱米1克。

调料：茄汁30克、精盐6克、味精5克、白糖2.5克、二汤100克、绍酒10克、麻油1.5克、胡椒粉0.5克、生粉适量、生油500克（耗油75克）。

制法：①将大虾修剪干净（去爪、枪、屎肠、尾等），斜刀切件；②烧热铁锅，下油搪锅。放入大虾，用中慢火煎至两面呈金黄色；③随后立即放入料头、二汤、茄汁、精盐、味精、白糖，加盖煮至熟；④调入湿生粉，拌匀，加上尾油上碟即可。

特色：芡色明亮润泽，外在有煎的香味，内在有嫩滑的质感，味道咸鲜，口感爽嫩。

（三）软煎法： <u>果汁猪扒</u>

主料：瘦猪肉 400 克。

配料：虾片 15 克、鸡蛋 40 克、姜 15 克、葱 15 克。

调料：精盐 2.5 克、果汁 250 克、绍酒 20 克、生油 500 克（耗油 100 克）、食粉 2.5 克。

制法：①将瘦猪肉洗净，切改成厚约 4 毫米的肉脯状，并用刀背将其稍剁松；②将肉脯加入食粉、精盐、味精、姜、葱、酒腌制（一般约 2 小时）；③下油加热约 210℃，放入虾片，炸至膨胀、松脆后捞起，倒出油；④将锅端离火位，把肉脯排放在锅内，用中慢火将其均匀加热，至两面呈金黄色，再逐少加入多量油略炸后倒起，滤清油分；⑤放入煎好的猪扒，潲酒、调入果汁；⑥炒匀后加入尾油，上碟，周围放上炸好的虾片。

特色：焦香软嫩，果汁味浓郁。西菜中做，富有西餐风味。

（四）半煎炸法： <u>窝贴石斑块</u>

主料：石斑鱼肉 400 克、肥肉 150 克。

配料：炸榄仁碎 150 克、鸡蛋 100 克。

调料：精盐 3 克、味精 5 克、麻油 1.5 克、曲酒 15 克、生粉 75 克、生油 500 克（耗油 100 克）。

制法：①将石斑鱼去皮，改切成长方形厚块，将肥肉改切成长方形薄片；②用盐、味精、曲酒腌制肥肉片，调制窝贴浆；③鱼块、肥肉分别上浆，两件贴在一起，中间放入少许炸榄仁碎；④把肉块放在有干生粉的碟上，面上再撒一层薄干生粉，使其定型且不粘碟；⑤烧热锅、搪油、离开火位，将上好浆的原料逐一排放下锅；⑥采用中慢火煎制，煎至定型、两面呈金黄色，逐少下多量油炸至身硬且熟，提升油温后迅速捞起；⑦待成品稍凉后，用剪刀逐件剪齐四边，呈长方形件，排放上碟，跟上佐味料便成。

特色：色泽金黄，长方形件均匀，身硬、外香、酥化、肉嫩、味鲜（跟淮盐、喼汁等佐味料，也可淋芡上席）。

（五）蛋煎法： <u>香煎芙蓉蛋</u>

主料：鸡蛋 200 克。

配料：叉烧 25 克、笋 125 克、冬菇 15 克、葱 10 克。

调料：精盐 3 克、味精 2.5 克、麻油 1 克、胡椒粉 0.5 克、生油 60 克。

制法：①鸡蛋调味搅烂，将叉烧、笋、冬菇、葱切成丝状；②笋、冬菇滚过，滤干水分，与叉烧、葱一齐放入蛋液内，调匀；③烧锅，用冷油搪锅，倒入蛋液，用慢火均匀加热，两面煎至呈金黄色且熟便可。

特色：型格圆而平整，色泽金黄，甘香而软嫩，成品不需芡汁。

（六）煎封法：煎封仓鱼

主料：重约 750 克的仓鱼。

配料：姜米 1.5 克、葱花 2.5 克、蒜蓉 1.5 克。

调料：姜汁酒 15 克、生抽 10 克，煎封汁 250 克，麻油 1.5 克，胡椒粉 0.5 克，绍酒 10 克，湿淀粉 5 克，生油 500 克，姜片、葱条适量。

制法：①将鱼去鳞、去鳃，开肚取出内脏，在鱼身面斜切大井字花纹，洗净；②切姜米、葱米，作为料头；③用姜片、葱条、酒和生抽将鱼内外腌透约 20 分钟；④烧锅下油，将鱼平放在锅中，用慢火加热，将鱼两面煎至呈金红色（一般至熟），倒起，滤清油分；⑤下料头、下鱼、潺入绍酒，封入煎封汁，略煮至熟。先将鱼铲起下碟，用原汁加入少许湿生粉、麻油、胡椒粉，打芡后淋上鱼面。

特色：香气浓烈，外表焦香，内则肉质鲜嫩，滋味丰富，色泽深红，比较入味。

（七）煎酿法：煎酿椒子

主料：鱼肉 150 克、猪肉 250 克、圆辣椒 24 件。

配料：蒜蓉 1 克、姜米 1 克。

调料：豉汁 15 克、精盐 3 克、白糖 2.5 克、老抽 5 克、麻油 1 克、胡椒粉 0.5 克、生粉 20 克、生油 100 克、绍酒适量。

制法：①将鱼肉去皮，与猪肉一起剁烂，打成胶馅；②将圆辣椒开半、去蒂、去籽，改切成大小均匀的半圆件（直径一般为 4.5 厘米），洗净；③切蒜蓉、姜米；④将圆辣椒件被酿一面拍上少许干生粉，将胶馅挤成小丸，放入被酿面上，酿实、抹平，馅要稍突出圆辣椒边；⑤烧锅下油，搪锅，放入酿椒子，馅面在下，用中慢火煎至呈金黄色，倒起，滤清油分；⑥下料头（蒜蓉、姜米、豉汁），下煎好的酿椒子，潲酒、下汤水、调味，略煮至熟；⑦用湿生粉打芡，加尾油后上碟。

特色：椒子青绿爽口（最好有红色椒子，色彩更艳丽），色泽金红，豉汁味香浓，滋味丰富，微辣，馅料爽滑，芡汁适中。

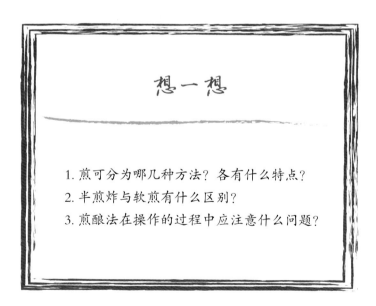

想一想

1.煎可分为哪几种方法？各有什么特点？

2.半煎炸与软煎有什么区别？

3.煎酿法在操作的过程中应注意什么问题？

项目 25
烹调方法——扒

学习目标

1. 理解扒的含义、原理和主要特点。
2. 基本掌握扒的火候运用和操作手法。
3. 基本掌握扒芡的运用。
4. 基本掌握扒的工艺流程和代表菜式的制作方法。

前置作业

1. 了解扒的造型有什么特点。
2. 了解扒芡一般有哪些类型。

一、扒的含义

扒是将两种或两种以上的原料，按照不同性质分别烹调加工，然后分先后、分层次上碟，造型而成一道热菜的烹调技法。

二、扒的原理

扒法实际上是一种将几种不同烹调方法结合在一起的综合烹调技法。在制作一道菜肴的过程中，运用不同的烹调方法对不同原料进行烹制，然后按一定的造型方式分底面上碟,形成一个美观、完整的菜肴。在制法方面,是根据原料性质和菜肴要求而确定的,一般多以两种以上的烹调技法组合而成,既可以采用炒,也可以采用油泡;既可以采用爆,又可以采用蒸等烹调方法制作。因此,其烹制的机理只能分别属于所运用的不同烹调技法,而这一技法最突出的特点体现在菜肴的造型上,即层次分明,整齐美观。

三、扒的主要特点

扒的主要特点是突出菜肴整体的美观和层次的分明。不管采用哪种具体的烹调技法烹制,原料上碟都要按底面分层次,一种原料"扒"在另一种原料之上,摆砌整齐美观,保持形态的和谐、统一。只要是两种或两种以上原料组成的菜肴,不同性质的原料便要按要求分别烹制。扒实质上是将两种或两种以上制法不同的原料有机地组合成一道菜肴,而且在上碟摆砌时底面层次分明。如果是只有一种原料的菜肴,芡汁也要另行烹制,淋在原料之上,称为"汁扒"。由于是两种或两种以上烹调技法共同烹制成一道菜肴,又完全混合。因此,在同一道菜肴中,可以有两种或两种以上不同的滋味、芡色和质感,原料之间相对按层次分开,不完全混合,这与一般烹调技法制作一道菜肴,该菜肴只有一种滋味、一种芡色、一种质感是完全不同的。

品种变化大,具体制作方法差异也较大。由于烹饪是采用综合烹调技法的烹制方法,所以适用于不同性质、类别的原料;原料的选用相当广泛,因而品种变化很大。只要符合不同原料分别烹制、分层次、重摆砌、保持菜肴形态整齐美观特点的菜肴,从广义上来说,均可视为"扒"。

四、扒的分类及其特点

(一)汁扒

将原料烹制后上碟摆砌,用味汁或上汤调味打芡,淋在原料表面上,突出其味芡的独特风味,芡汁较为阔稠。

(二)肉料扒

将原料分别烹制,按烹制先后顺序上碟摆砌,一种原料"扒"在另一种原料之上而成菜。菜肴层次分明,摆砌整齐,形态美观,滋味丰富。

五、工艺流程

(一)汁扒

选料—刀工—原料烹制—上碟摆砌—打芡—成品。

(二)肉料扒

选料—刀工—底菜烹制(含预制)—摆砌—打芡—面菜烹制(含打芡)—铺上面—成品。

六、扒的操作要领

（一）汁扒

多数汁扒只有一种原料，且以蔬菜原料居多，没有配料、料头。先将原料按性质或菜肴要求烹制（有些原料需要进行预制，如煲、燆等），烹制后上碟，型格可以多样。芡汁的烹制尤其讲究，要突出芡汁的独特风味，如鲍汁、腿汁、蚝汁等。芡味要符合菜肴要求，芡色鲜明、油亮，稀稠合适，滋味鲜美，芡量较大。有些原料烹制时难入味、挂芡，要与原料一起成芡而不是另行淋芡（如蚝油扒鲜菇），仍称为扒。

（二）肉料扒

肉料扒由两种或两种以上原料组成，其中一种原料多为肉料，用于"扒"在另一种原料之上，没有料头，两种原料均可作为主料。不同的原料按其性质或菜肴要求，分别使用合适的烹调技法烹制（有些原料需要预制）。原料分别烹制后，按层次摆砌，特定的肉料要在面上，层次分明，形态美观。同时，底、面原料的烹制要比较紧凑，时间不能相隔过长，否则会影响底菜的热度和香气。不同原料的味道不同，芡色也不一样。通常应有两个或两个以上的芡和味，而芡也有阔芡和紧芡之分，扒在底菜上的芡较为宽阔，在面料的芡较为紧窄，具体应视菜肴要求而定。

七、扒的菜式品种举例

（一）汁扒：腿汁扒芥菜胆

主料：炟好的芥菜胆 750 克。

调料：腿汁 25 克、精盐 2.5 克、味精 1 克、白糖 2.5 克、蚝油 2.5 克、二汤 150 克、绍酒 10 克、生油 50 克。

制法：①芥菜切改成芥菜胆，猛火炟至翠绿稔身，捞起，迅速漂水，并洗清腐叶，切整齐；②烧锅下油，灒酒，加入二汤、精盐，滚后放入芥菜胆，略加热，倒入疏壳，滤清水分；③再次烧锅下油，放入菜胆，用芡汤加入湿生粉打芡，倒在疏壳中，整齐排放上碟；④重新烧锅下油，灒酒，加入上汤、腿汁、蚝油、白糖等味料，微滚后用湿生粉打芡，加尾油推匀后，均匀淋上菜胆面便成（腿汁制法：火腿肉 500 克切碎，加入上汤 1 000 克，蒸约 2 小时，去掉肉渣，取汁便可）。

特色：具有浓厚的火腿香味和鲜味，色泽浅红、艳丽，芥菜胆青绿稔滑，清甜中带有少许甘苦味，是夏季素菜佳品。

（二）肉料扒：四宝扒瓜脯

主料：冬瓜 1 250 克、明虾 100 克、鸭肾 150 克、土尤（干鱿鱼）100 克、鲜菇 100 克。

配料：鸡骨 500 克、瘦肉 100 克、火腿 50 克、姜 25 克、葱 25 克。

调料：精盐 3 克、味精 5 克、蚝油 10 克、老抽 2 克、白糖 5 克、上汤 150 克、二汤 2 500 克、绍酒 10 克、湿淀粉 15 克、生油 1 000 克（耗油 100 克）。

制法：①将冬瓜去皮、瓤，改切成长 20 厘米、宽 15 厘米的大件；②分别改切虾球、肾球、土尤等；③烧锅下油，油温约 210℃，放入冬瓜脯炸过，取出漂冷水至透，捞起；④放入炖盆内，放入已飞水的鸡骨、瘦肉、火腿和姜、葱，下绍酒、二汤，调味，原盆放入蒸笼中蒸至稔身入味；⑤冬瓜脯趁热上碟摆放；⑥烧锅下油，加入上汤，调入蚝油、老抽、精盐、味精、白糖，微滚后用湿生粉打芡，淋上瓜脯面；⑦肾球飞水，鲜菇滚煨过，烧锅下油，加热至 150℃，分别放入虾球、土尤、肾球拉油至刚熟，倒起，滤清油分；⑧利用锅中余油潷酒，加入上汤，调味，放入四宝原料，用湿生粉打芡，加尾油后铺放在瓜脯面上。

特色：冬瓜晶莹剔透，清甜稔滑，味道鲜美，四宝鲜、爽、嫩，型格美观，色彩鲜艳，口感极佳。

想一想

1. 什么叫作扒？有什么特点？

2. 扒分为哪几种方法？它们的芡汁有什么区别？

3. 各种菜胆的处理分别有什么不同？

模块八

以油传热加温的烹调方法

项目 26
烹调方法——炸

学习目标

1. 理解炸的含义、原理和主要特点。
2. 基本掌握炸的火候运用。
3. 懂得炸的不同品种中浆粉的运用。
4. 基本掌握炸法的工艺流程和代表菜式的制作方法。

前置作业

1. 您知道哪些炸的菜肴品种?
2. 了解怎样判断油的温度。
3. 了解怎样预防锅中的油着火。

一、炸的含义

炸的含义可分为广义和狭义两种。广义指用较多的油,以较高的油温对原料进行加热的方法。狭义指将经过处理的原料(包括刀工、腌制、上浆、上粉、熟料预制等)放入较多量的热油中,利用不同的油温和加热时间,使原料至熟,并具有一定色泽和香、酥、脆等的质感,一次成菜的烹调技法。

二、炸的原理

炸是油烹的基本技法之一，是多种炸法的总称。炸法与其他烹调技法的工艺流程有很大不同，菜肴的风味、质感也有很大的差异。炸是以油脂作为传热介质的。油的比热大，发烟点高，燃点为300℃，并可贮存大量热能，能使原料快速成形和成熟。油的导热性能好，可以形成均匀的温度场，使原料受热。经过腌制、上浆、上粉等处理的原料，在较高油温下加热，可以形成浅金黄到红褐的色泽，以及酥、脆、香和内嫩外脆等特点。但是，油作为传热介质会导致脂溶性维生素损失，并会产生少量高热聚合物等有毒物质。采用油作为传热介质，可以对原料进行初步熟处理（如干货涨发、过油、上色等），也可以将原料直接烹制为菜肴成品。

三、炸的主要特点

炸能使原料形成香、酥、脆等口感特色。由于炸的油温相对较高，一般在180℃以上，比水的温度高得多，因此能使原料的水分大量排出，尤其是表面水分，加上油脂能使原料形成酥、松、脆的质感，并产生强烈的芳香气味。炸能使原料表面着色，从浅金黄色、金黄色、浅红色、金红色、大红色、褐红色直至黑色。由于油的温度较高，会使原料发生焦糖反应，原料会随着油温的升高和加热时间的延长而达到由浅至深的色泽变化。炸需要大量的油加热，其目的是保持油温的稳定性，不至于油温因冷原料下锅而迅速降低或因火力的加强而迅速升高。炸的烹调技法相对其他技法而言，操作方法最多，而不同的炸法，所产生的效果差异也较大，其适用性也很广泛，这在热菜烹调技法中是独一无二的。

炸是在较高油温的条件下进行的，会受到很多因素的制约，如原料质地的老嫩、形状的大小、数量的多少、原料下锅炸时的油温等。因此，运用炸的烹调技法时，首先，要根据原料的性质、体积、数量确定最佳油温；其次，要根据菜肴的要求及原料性质等特点确定加热的时间；最后，要随时掌握炉火、油温和原料着色的变化，以确定原料受热的程度，使之达到最佳火候。总之，炸的操作要随时根据原料的情况、火候油温的变化，采用灵活的方法处理，以适应不同菜肴的要求。

四、炸的分类及其特点

（一）酥炸法

将已腌味的原料上蛋湿干粉（用净蛋、湿生粉拌匀后拍上干生粉），放入180℃～210℃的热油中，炸至熟并且酥脆和呈金黄色。成品香而酥脆，色泽金黄，内鲜嫩。可以干上，也可成芡，口味多样，以甜酸味较为普遍，品种丰富。

（二）吉列炸法

将已腌味的原料上吉列粉，放入约180℃的热油中，使其至熟并且外表酥脆和呈金红色。成品外香脆而内嫩，色泽金红，没有芡汁，多跟淮盐、喼汁或沙律汁上席，具有西餐特色。

（三）纸包炸法

原料调味后，用威化纸包成日字形后炸至熟。成品香口而嫩滑，突出调味酱汁风味，原汁原味，富有特色。近年还有采用丝网纸的，炸的效果更好，外表酥脆化并起网丝状，色泽洁白。

（四）脆皮炸法

原料用白卤水浸熟，涂上脆皮糖水（麦芽糖水）后晾干，放入热油中炸至皮脆、呈大红色。成品肉质鲜嫩，具有卤水香味，色泽鲜红，皮脆肉嫩。

（五）脆浆炸法

原料经预制后上脆浆炸，炸至呈金黄色并松脆。成品色泽金黄，香而松脆，型格涨发圆滑，质量的好坏主要取决于脆浆。

（六）蛋白稀浆炸法

原料经预制后上蛋白稀浆，炸至浅金黄色并酥脆。成品外层酥脆，表面布有幼细的脆化蛋丝和小珍珠泡，呈浅金黄色，酥化甘香。

（七）生炸法

原料经腌制后由生直接炸至熟并呈金红色或红色。成品味鲜肉滑，皮色呈金红色或大红色。如上脆皮糖水，则皮脆，直接腌制后不上脆皮糖水的，则皮不脆。

五、炸的工艺流程

（一）酥炸法

选料—刀工—腌味—上粉（蛋湿干粉）—炸制—成菜／打芡—成品。

（二）吉列炸法

选料—刀工—腌味—上粉（吉列粉）—炸制—成品。

（三）纸包炸法

选料—刀工—调味—包裹—炸制—成品。

（四）脆皮炸法

选料—浸熟—上脆皮糖水—晾干—炸制—斩件—成品。

（五）脆浆炸法

选料—原料预制—调制脆浆—上浆—炸制—成品。

（六）蛋白稀浆炸法

选料—原料预制—调制稀浆—上浆—炸制—成品。

（七）生炸法

选料—腌制—炸制—封汁—斩件—成品。

六、炸的操作要领

（一）酥炸法

原料要腌味，用净蛋、湿生粉拌匀后拍上干生粉。根据原料特性确定上粉的厚薄，待其翻潮后炸，否则容易脱粉和起白霜。炸时掌握原料的下锅油温，视原料性质而定，一般为180℃~210℃。油温过低，易脱粉、易粘连；油温过高，则原料易着色。炸的过程采用浸炸的方法，即以较低油温较长时间地炸，使原料至熟或炸透而又不易着色。炸至透身后，提升油温后迅速捞起，防止原料含油量过多。提前炸好后回软的，可以采用二次炸法，即用较高油温，约210℃，下锅稍炸后捞起，称为翻油，可使原料恢复酥脆。

酥炸的调味，一般分为二次调味，即上粉前腌味和炸后打芡调味。酥炸的成品有干上的，只在上粉前腌味，炸后直接上碟，没有芡汁，多跟佐味料。大部分成品是有芡的，可以直接打芡、淋芡和另芡等。直接打芡的必须成芡后下料迅速炒匀上碟，这样才能保持成品一定的酥脆度。芡味可有咸鲜味、甜酸味、酸辣味等，其中甜酸味较多。

（二）吉列炸法

原料上吉列粉，主要是使用面包糠。可用淡方面包去外皮后切片，稍干身后碾成面包糠，也可用现成的面包糠。原料腌味后用净蛋和生粉拌匀，粘上一层面包糠。如为胶馅类原料，则不用净蛋与生粉，只需直接放入面包糠内粘匀。面包糠易于抢火上色，因此油温不宜过高，一般以160℃~180℃为宜，需要浸炸至外表酥脆且呈金红色（有些品种为金黄色），提升油温后迅速捞起便可。成品不能打芡，炸好后排放上碟，另跟佐味料上，多为淮盐、喼汁或沙律汁。

（三）纸包炸法

原料经刀工处理后调味，味要有一定特色，可选择具有独特风味的酱汁，与原料拌匀，腌制10分钟后才炸；用威化纸（或丝网纸）将原料逐件包成日字形或其他形状，包口用蛋清粘住，即包即炸，否则，包的时间过长会使得威化纸受潮而穿烂。炸时掌握好油温，约180℃时放入原料，炸时使用中慢火，保持油温约150℃，至原料熟即可，威化纸呈浅金黄色，丝网纸则洁白为好。炸的时间由原料性质（即易熟程度）决定，捞起后要滤清油分，然后排放上碟。

（四）脆皮炸法

以鸡、鸽等禽类为主要原料，猪大肠也可以。传统制法中，原料要用白卤水浸熟后才上脆皮糖水，使其具有香浓的卤水味和内味。原料外皮要涂上脆皮糖水，晾干后炸才能呈大红色和达到脆皮效果，脆皮糖水的调配一般用麦芽糖、绍酒、浙醋、生粉和清水，又称麦芽糖水。

炸时油温的掌握和手法最重要，油温为180℃~200℃。由于原料已是熟料，因而应着重注意其外皮色泽和脆度。油温过高，色泽会变深甚至变黑；油温低，则皮不易脆。成品炸好后要趁热斩（切）件，否则皮易回软。刀工均匀，型格摆砌整齐美观。一般跟佐味料上。

（五）脆浆炸法

脆浆调制的质量要好，其标准是起发好、疏松眼细、表面圆滑、色泽金黄、松脆、耐脆。脆浆的调制方法有多种，常用的有有种脆浆、发粉脆浆，其配方及调制手法均十分讲究，不易达到质量要求。上浆的主料使用广泛，没有特别的限制，如炸脆奶、炸三丝卷、炸牛丸、炸直虾、炸鱼条等，多数主料要经预制。部分原料的预制具有一定技术难度，如炸脆奶、炸虾丸、炸牛丸等。讲究上浆下锅手法，而手法又根据原料特性而有所不同，手法不正确，其上浆就不好，炸出成品的型格便受影响。讲究油温，一般掌握在180℃左右，原料下锅炸时要端离火位，逐一放入热油后再端回火位，这样油温不会迅速升高。炸时采用浸炸方法，否则成品炸不透便不够松脆或不耐脆，油温过低或过高都会影响其质量。在炸的过程中，还需不断翻动原料，使其受热均匀、着色一致。

（六）蛋白稀浆炸法

原料要上蛋白稀浆后炸，浆以净蛋白与湿生粉按2:1调制。原料一般要经预制，有馅料和包裹的外皮，外皮可用腌制后的肥猪肉片或腐皮等原料，包裹成形后才上浆炸，多为酥盒类。炸时要着重掌握好油温和原料上浆下锅的手法。油温通常约180℃，腐皮盒油温稍低些，肥肉盒油温略高些，需要浸炸至馅料熟而外表香酥化，色泽呈浅金黄。如油温过高，蛋白浆易飞散开；油温过低，则难以形成丝状和小珍珠泡，不够酥脆化。该炸法成品不需芡汁，干上跟佐味料（淮盐、喼汁）。

（七）生炸法

原料多选用鸡、鸽等禽类。原料要经腌制，腌制时间比较长，要使其充分入味。也可腌制后上脆皮糖水，晾干后直接生炸。浸炸时间比较长，尤其是原只炸，不只是为了达到皮脆色红，还要使其熟，但炸好后肉质嫩滑、有肉汁，味较鲜美。生炸有两种，一种是脆皮生炸，要求皮脆、色红，肉嫩味鲜；另一种是不需皮脆的生炸，炸熟后封入味汁，除了色红内嫩外，还有味汁的风味。

七、炸的菜式品种举例

（一）酥炸法：糖醋咕噜肉

主料：无皮五花肉300克。

配料：蒜蓉0.5克、椒件15克、葱段1.5克、笋肉100克、净蛋30克。

调料：盐1.5克、糖醋250克、生油1 500克（耗油100克）、湿生粉20克、干生粉200克。

制法：①将五花肉开条后切菱形

件，笋肉切菱形件；②肉件用盐拌匀、略腌，加入净蛋、湿生粉拌匀后拍上一层干生粉，待其潮湿；③下油加热至210℃，将已上粉翻潮的肉件，浸炸至呈金黄色且外表酥脆后下笋件一齐炸，提升油温并迅速捞起；④利用锅中余油，放入料头（蒜蓉、椒件、葱段），加入糖醋，用湿生粉打芡，放入炸好的肉件、笋件，迅速炒匀，加尾油后上碟。

特色：色泽金红、油亮，味道甜酸醒胃，香而酥脆，外脆内嫩，肥而不腻。

（二）吉列炸法：吉列石斑鱼

主料：石斑鱼肉 300 克。

配料：净蛋 40 克、面包糠 30 克。

调料：精盐 1.5 克、麻油 1 克、生油 1 500 克（耗油 100 克）、生粉 40 克。

制法：①将石斑鱼肉去皮，切改成厚约 0.5 厘米的长方形块状，用盐、麻油拌匀腌味；②净蛋、生粉开成糊状，放入鱼块拌匀，然后放入面包糠内，使其粘上一层面包糠；③下油加热至150℃，端离火位，将鱼块逐一放入油中，采用浸炸方法炸至外表酥脆，呈金黄色，提升油温后迅速捞起，滤清油分，排放上碟便可。

特色：味香而鲜，外酥脆而内嫩，色泽金红，有佐味料风味（香麻炸法与其相近，不同之处是原料粘上一层白芝麻后炸）。

（三）纸包炸法：威化纸包鸡

主料：鸡肉 400 克。

配料：威化纸 24 件、净蛋白 30 克、蒜蓉 1 克、椒米 10 克、葱米 15 克。

调料：香辣豉汁酱 10 克、精盐 3 克、味精 5 克、白糖 1.5 克、麻油 0.5 克、生油 1 250 克（耗油 100 克）、生粉 25 克、胡椒粉 0.5 克。

制法：①将鸡肉改切成鸡球（16 件），加入蒜蓉、椒米、葱米、豉汁酱、盐、味精、糖、生粉等拌匀，腌味约 10 分钟；②每张威化纸包一件鸡球，包成日字件，大小均匀，用蛋清粘口，放在撒有干生粉的碟中，以防粘碟，待炸；③下油加热至150℃，逐一放入纸包鸡，用中慢火加热，炸至鸡球熟，提升油温后迅速捞起，滤清油分后排放上碟（碟用花纸垫底，以便吸油）。

特色：肉质嫩滑，豉汁入味，鲜而微辣，外带酥香，具有独特风味。

（四）脆皮炸法：**脆皮炸鸡**

主料：光鸡 750 克。

配料：威化片 15 克，蒜蓉 0.5 克，椒米、葱米各 1 克，生粉适量。

调料：白卤水 1 500 克、脆皮糖水 100 克、糖醋 100 克。

制法：①光鸡挖去鸡肺，放入微滚的白卤水中，用中慢火浸泡至刚熟，取出后用沸水淋过；②将鸡身抹干，挖眼反翅，用脆皮糖水将其外表涂匀，挂起晾干（约 3 小时）；③下油加热至 150℃，端离火位，先炸鸡头颈试油温，然后用笊篱平托着鸡，用热油淋内膛两三次，后放入油内炸至呈大红色且皮脆；④趁热将鸡斩件上碟，摆砌成形，用炸好的威化皮围边；⑤用蒜蓉、椒米、葱米起锅，加入糖醋，微滚后调入湿生粉打芡，加入尾油后另碗盛装，跟芡上（也可用淮盐、喼汁跟上）。

特色：皮色大红，皮脆肉嫩，有较香卤水味，内味鲜而丰富，糖醋芡味酸甜而醒胃。

（五）脆浆炸法：**脆炸直虾**

主料：大虾（明虾）400 克。

配料：土豆 300 克、脆浆 250 克。

调料：精盐 1.5 克、味精 5 克、干淀粉 25 克、生油 1 500 克（耗油 150 克）、麻油 0.5 克。

制法：①将虾去头、去壳、去肠，洗净、吸干水分；②在腹部处每隔 1 厘米横切一刀，约一半深，用盐、味精、麻油拌匀，腌味约 10 分钟；③土豆去皮，切条状，长约 6 厘米，用盐水浸过面；④调制好脆浆；⑤下油加热至 180℃，先炸土豆条至呈金黄色、硬身，捞起；⑥油锅端离火位，用少许脆浆试油温，合适后用手执虾尾上浆，再顺势拖入油内，端回火位，用中慢火加热，用筷子不断将直虾翻动，使其受热均匀，色泽一致；⑦至呈金黄色，提升油温后迅速捞起，滤清油分；⑧将炸好的土豆条按井字形叠放在碟中间 5~6 层，然后把炸好的直虾竖放在土豆条周围，尾向上。

特色：涨发圆滑，虾身挺直而不弯曲，型格美观，色泽金黄，香而松脆，味鲜而肉嫩。

（六）蛋白稀浆炸法：**香酥百花盒**

主料：冻肥肉 300 克、虾胶丸 300 克。

配料：芫荽叶 16 片、蛋清 100 克。

调料：盐 2.5 克、味精 2.5 克、曲酒 15 克、生粉 50 克、生油 2 000 克（耗油 75 克）、麻油适量，湿生粉 50 克。

制法：①将肥猪肉略解冻后，先改切为正方形件，去掉四角，改切成圆形件，然后切成约 0.2 厘米厚的圆片 32 件，并用盐、味精、曲酒、麻油腌约 30 分钟；②将肥肉片（16 件）平放在铺上干生粉的碟上，每件肥肉片上放一粒虾胶丸，在丸面贴上一片芫荽叶，再铺上另一件肥肉片，将四周掐实，变成圆盒形，面上也拍上少许干生粉；③下油加热至 150℃，端离火位，将虾盒逐个上蛋白稀浆（蛋清、湿生粉调成）后放入热油中；④炸至蛋白稀浆受热而飞散开，成为丝状物，外表有小珍珠泡；⑤然后用中慢油温浸炸至熟，色泽呈浅金黄且外表酥脆；⑥提升油温后迅速捞起，滤清油分，排放上碟，可用花纸垫底，以吸收油分。

特点：口感香、酥、脆、化，味鲜、爽、滑，肥而不腻，色泽呈浅金黄、半透明状，映衬馅内的芫荽叶，外表有酥化的蛋丝和珍珠泡。

（七）生炸法：茄汁炸鸡翅

主料：鸡翅 400 克。

配料：姜件 75 克、葱条 100 克。

调料：生抽 10 克、绍酒 10 克、白糖 2.5 克、茄汁 20 克、喼汁 15 克、麻油 1 克、生油 1 500 克（耗油 100 克）。

制法：①将鸡翅洗净、滤干水分，放入姜件（拍裂）、葱条、生抽、绍酒后拌匀腌制约 1 小时；②下油加热至 180℃，放入鸡翅，用中慢火炸至熟并呈金红色，捞起，滤清油分；③将茄汁、喼汁、绍酒、白糖调成味汁；④鸡翅重新放入锅中，封入味汁，略煮收汁；⑤捞起，趁热斩件，排放上碟。

特色：色泽大红，味鲜美而肉嫩滑，微酸带甜，滋味丰富。

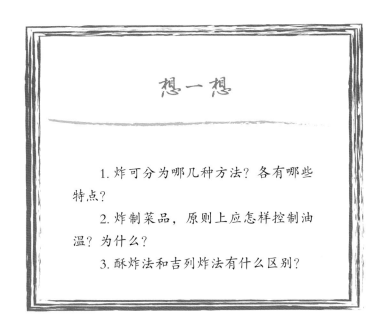

想一想

1. 炸可分为哪几种方法？各有哪些特点？

2. 炸制菜品，原则上应怎样控制油温？为什么？

3. 酥炸法和吉列炸法有什么区别？

项目 27
烹调方法——油泡

学习目标

1. 理解油泡的含义、原理和主要特点。
2. 基本掌握油泡的火候运用。
3. 懂得油泡的芡色运用。
4. 基本掌握油泡法的工艺流程和代表菜式的制作方法。

前置作业

1. 了解油泡法与拉油炒法有什么不同。
2. 了解油泡法怎样才能控制好油量。
3. 您知道哪些油泡的菜肴品种?

一、油泡的含义

油泡是指将加工后形状较小的净肉原料, 经腌制或上薄粉浆, 用热油加热至刚熟后, 重新回锅调味, 打芡成热菜的烹调技法。

二、油泡的原理

油泡法是粤菜独有的一种烹调技法, 与外地的滑炒法和粤菜的拉油炒法相似，但又以其独特的风格自成一法。它使用较为嫩滑或脆嫩的净肉原料，经过腌制或上一层薄薄的粉浆后，用较低的油温加热至仅熟，使肉料表层成熟，形成薄膜，既保存了原料内部的水分，又减少了原料鲜味的损失。由于油温和熟度的掌握，加上勾芡的作用，形成了油泡菜肴独特的风味和质感。油泡不只是加热方法的简单改变，而且是从选料、刀工、腌制、上粉、油泡直至回锅调味、炒制等一系列技术的改进，大大提高了菜肴的鲜味和脆嫩度，使烹制的菜肴鲜、嫩、脆、滑，成为各种烹调技法中质感保持得最嫩滑和最脆嫩的一种技法。这也是粤菜烹调中较常用的技法。

三、油泡的主要特点

（1）菜肴构成以净肉原料为主，禽畜、内脏、水产等原料均可，较少有配料，而且肉质要求鲜嫩或脆嫩。

（2）菜肴通过油泡方法烹制，能较好地突出原料味鲜，质嫩、脆、滑等特点。就算是一些较为老韧的肉料，通过腌制后采用油泡方法烹制，也能达到脆嫩的效果。

（3）油泡菜肴使用较精细、优质的原料，成品质感嫩滑或脆嫩，芡薄而紧，味道鲜美并可使用较有风味特色的酱汁，以丰富滋味。菜品相对较为高贵。

四、油泡的工艺流程

刀工—调碗芡—肉料拉油（先飞水后拉油）—下料头、肉料—潜酒—下碗芡，炒匀—下尾油—成品。

五、油泡的操作要领

油泡的技法十分讲究，成品档次及质量要求也比较高，必须掌握好以下的操作环节：

（1）原料质量要求高，一般选用新鲜、嫩滑的净肉原料，较少使用其他的配料。欠新鲜或质地较老、韧、带骨的肉料，均不宜用作油泡菜式。

（2）刀工精细，肉料一般不宜带骨或过于厚大，形状以片、件、球、卷、丸等为主。一些原料要切上刀花，既美观又易熟，刀工要求较高。

（3）原料在油泡加热前，要进行腌制，使其易于入味和进一步改善其嫩滑或脆嫩的质感。也可以在油泡前拌上一层薄薄的浆粉，增加其嫩滑和洁白度。

（4）肉料泡油环节是最为关键的环节。油温和泡油的时间必须恰到好处，否则，对原料的质感、色泽、风味都有直接的影响，甚至直接导致菜肴烹制的失败，而对油温的掌握要根据原料的性质而定。嫩滑的肉料，一般采用偏低的油温（约100℃）；原料质地较脆嫩的，就要采用稍高的油温（约150℃）；原料特别爽脆、水分含量又大、又快熟的可以采用较高的油温（约180℃）。同时，油泡的时间以原料仅熟为度，一般来说，油温越低，油泡的时间越长；油温越高，油泡的时间越短；原料切忌受热过高、过熟。油泡时要使用锅铲，把原料抖散，防止其粘成一团。

（5）重新回锅调味打芡是最后的环节，也是最难掌握好的环节。芡、味一般预先调制好，多使用碗芡；并根据菜肴的性质要求，确定其芡色。回锅炒制一般使用猛火；但也可避火下料，芡要炒匀，稀稠合适，不能出现焦煳的现象。同时，芡色要求：有芡而不见芡流，芡色明亮匀滑，不泻油，不泻芡。

六、油泡的菜式品种举例

菜例：<u>茄汁明虾球</u>。

原料：明虾 400 克。

配料：姜 5 克、葱 5 克。

调料：精盐 5 克、味精 5 克、鸡蛋清 20 克、干生粉 5 克、湿生粉 10 克、麻油 1.5 克、食粉 3 克、白糖 10 克、芡汤 25 克、生油 750 克（耗油 75 克）、绍酒 10 克。

制法：

（1）将明虾去头、壳、尾，取肉，洗净，用刀在其背部切 2 刀，深约 2/3，去肠，加入干生粉、鸡蛋清、食粉、精盐、味精腌制待用。将姜切成姜花，葱切成葱榄。

（2）将芡汤、茄汁、白糖、麻油、湿生粉调成碗芡（大红芡）。

（3）猛火烧锅下油，油温约 180℃时，放入虾球，迅速加热至刚熟，倒起，滤清油分。

（4）利用油锅，随即放入料头（姜花、葱榄）、虾球，灒酒，调入碗芡，猛火迅速炒匀，上碟即可。

特色：虾球形状美观，色泽鲜红明亮，清香味美，质感爽脆。

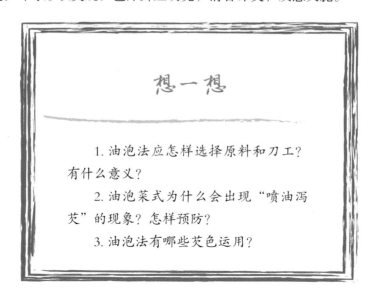

想一想

1. 油泡法应怎样选择原料和刀工？有什么意义？

2. 油泡菜式为什么会出现"喷油泻芡"的现象？怎样预防？

3. 油泡法有哪些芡色运用？

项目 28
烹调方法——油浸

学习目标

1. 理解油浸的含义和主要特点。
2. 基本掌握油浸的火候运用。
3. 掌握油浸的调味方法。
4. 基本掌握油浸法的工艺流程和代表菜式的制作方法。

前置作业

1. 了解油浸与油炸有什么不同。
2. 您知道哪些油浸的菜肴品种？

一、油浸的含义

　　油浸是将生料（主要是鱼类原料）腌味后投入较高温度的油中，先用猛火后用慢火（或后避火），把腌料浸泡至刚熟，再淋上味汁的一种烹调方法。

二、油浸的原理

　　油浸法与其他技法相比，有着明显的独到之处，它利用"刚柔并济"的火候使原料至熟。具体来说，它是在油加热至相当温度时下料（油温

180℃~200℃），让原料在高温下外皮紧缩、定型，随后温度慢慢下降，成为柔性热能，逐渐传导到原料内部，并有足够的温度使原料组织变性，在失水较少的情况下成熟。这样不仅能够防止原料因蛋白质的过度变性而凝固发硬，还保持了肉质的嫩滑；同时也使各种物质的鲜香味较少向外散溢，保持了原料的鲜味。部分原料在成熟后，还须经过冷浸的处理，以增强保鲜、保色、保脆、保嫩的效果，从而使浸制菜肴保持原味和原色，具有汁多、味香、鲜嫩脆滑的风味特色。

三、油浸的主要特点

对选料比较讲究，要求原料要新鲜、鲜味突出，不够新鲜的原料不宜采用油浸的技法。原料多数是肉料，多使用鱼、禽类等原料。加热媒介为多量的油，原料在一定温度下慢慢受热成熟，受热比较均匀。由于柔性热能，肉料的蛋白质不会因过高的温度而过度变性、凝固发硬，反而会因失水较少而变得嫩滑。嫩滑是浸制菜肴的首要特点，其次是能够保持滋味鲜美。

油浸由于使用油作为传热介质，故能达到外香内嫩的效果。原料保持整体加热，如果切开或碎件，会因原料体积过小和刀口受热过度而造成失水多、收缩大，影响其嫩滑的质感，而且滋味也会溢散，使鲜味下降。

四、油浸的工艺流程

选料—刀工—腌制—加热油—下料浸熟—上碟—淋汁—成品。

五、油浸的操作要领

油浸法对原料有特殊的要求，原料既要新鲜，又要质地细嫩。菜肴成品质量的优劣，与原料的这一特性有着直接的关系。

原料在加热时，应该保留原只、原条或原件，一般加热至熟后才经刀工处理成小件，不能为使其快熟而切开或斩件来浸制。浸的火候掌握是最关键的环节，而火候又要根据传热介质——水（汤）、油而定。一般可分为对下料浸时的火候（即水温、油温）和原料熟度的掌握。油浸一般在油温180℃左右时放入原料，离开火位，利用油的温度将原料慢慢加热至熟。这样可以使原料不受高油温的持续作用而达到外香内嫩的目的。油浸的火候为慢火，而原料的成熟程度以刚熟为标准，一般不能超熟。浸熟后的原料，一般以保持原有鲜味为主，突出原味。加热过程中，油浸不能调味，菜肴的滋味以加热后调味为主，调味形式多样，既可淋汁也可勾芡，还可跟佐味料上，其味根据菜式要求而定。但不管调味形式如何，均要突出原料的原有鲜味。

六、油浸的菜式品种举例

菜例：油浸生鱼。

主料：生鱼400克。

配料：葱丝 20 克、红椒丝 20 克。

调料：姜汁酒 15 克、生抽 15 克、味精 5 克、白糖 10 克、上汤 50 克、麻油 1 克、胡椒粉 0.2 克、生油 750 克（耗油 75 克）。

制法：①将鱼去鳞、鳃，开背取出内脏并洗净，用姜汁酒、生抽腌制；②烧锅下油，加热至 180℃，手执鱼头、鱼尾，下油定型，然后放入油内，即端离火位，将鱼油浸至熟；③将鱼捞起上碟，撒上胡椒粉、葱丝、红椒丝；④溅少许热油，再淋上由生抽、上汤、味精、白糖调成的豉油皇味汁便成。

特色：外表香脆，肉质软嫩，香口味鲜，腥味少。

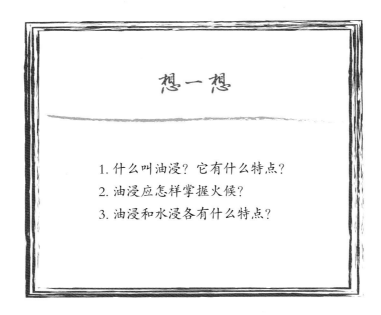

想一想

1. 什么叫油浸？它有什么特点？

2. 油浸应怎样掌握火候？

3. 油浸和水浸各有什么特点？

模块九

以水、油、空气结合传热加温的烹调方法

项目 29
烹调方法——焖

学习目标

1. 理解焖法的含义和种类。
2. 基本掌握焖法的火候运用。
3. 掌握焖法中芡的运用。
4. 基本掌握焖法的工艺流程和代表菜式的制作方法。

前置作业

1. 了解有多少种焖法。
2. 了解焖法的芡汁为何要稍多一些。
3. 您知道哪些焖的菜品？

一、焖的含义

焖是将碎件的原料经拉油（或爆炒，或炸，或煲熟）后，放入有少量油的热锅中爆香，加入适量汤水并调味，加盖，运用中火或中慢火加热至熟透或稔软，留少量原汁打芡而成菜的烹调技法。

二、焖的原理

焖法属于水烹法的一种，这种技法是在一定量的汤水和加盖密封状态下采用中火或中慢火将原料加热，使原料熟透或稔软，充分入味，其香味、原味也充分溢出，与调味料混合后成为一种较浓郁的滋味，其具有汁浓、味厚、馥郁，肉质嫩滑或稔滑，芡汁稍宽的特色。

焖法除了在焖前对原料作不同的处理外，焖时要加入一定量的汤水，运用水媒中的柔性火候，达到原料熟透、稔软的效果。柔性火候即用中慢火加热，以较低的固定恒温热量，在水的作用下，不断向原料内部渗透，通过一定时间的密封加热，使原料组织变性、分解，溢出鲜香的味道，并与调味料充分融合渗透，形成浓厚、馥郁的丰富滋味，不会造成因使用猛火而导致原料外焦内烱、生硬的后果。成菜形体完整，质地软嫩或稔软，鲜香味浓，这是焖法使用柔性火候的作用。

三、焖的主要特点

（1）原料选择以肉料为主，可以用配料，也可以不用配料，配料一般为植物类原料。肉料性质也可以多样化，鲜嫩的肉料或老韧、耐火的肉料均可，只是它们适合采用不同的焖法。

（2）原料刀工处理多为碎件，并带骨，以件、块形状为主，较为厚大。

（3）火候的运用以中火为多，加热时间相对较长，但不同的焖法、不同的原料、不同的焖制过程，火候的运用会有所不同，要根据原料性质和菜肴要求来确定。

（4）调味一般有两种：一种是使用酱汁调味，具有浓厚、馥郁的味感，酱汁风味突出；另一种是使用一般调味料调味，味香而清醇，突出原料的原味、鲜味，两者各有特色。前者多用于肉质香味较浓、异味较重的原料，后者多用于肉质味较鲜、异味较轻的原料。

（5）焖法的菜式，虽采用不同焖法制得的成品的特点不同，但总的来说，肉香味浓，滋味醇厚丰富，芡汁厚而宽，原汁成芡，原料软滑稔软。

四、焖的分类及其特点

（一）生焖法

生焖法包括拉油生焖法和生爆酱焖法两种。

1. 拉油生焖法

肉料经拉油后，与料头爆香，潵酒，加入汤水调味，加盖焖熟成菜。原料较为鲜嫩、易熟。调味以突出原味、鲜味为主，加热时间较短，原料熟或熟透即可，保持肉质嫩滑。

2. 生爆酱焖法

肉料飞水后（或炕干水分），与料头、酱料一起爆香、爆透，潠酒，加入汤水调味，加盖焖至熟透或稔软而成菜。原料肉香味浓、耐火，用酱料爆透后焖，更加香浓，味道浓郁，加热时间稍长，要熟透或稔软。

（二）红焖法

红焖法又称炸焖法，是指原料粘上干生粉后将其炸至呈金黄色并且透身，加入汤水，调味，加盖焖透而成菜的具体技法。此法适用于鱼类原料，成品外香而内软滑，味较浓郁，色泽浅红、油亮。

（三）熟焖法

肉料经煲至一定稔度后，用酱汁、料头爆香，潠酒，加入汤水调味，加盖焖透而成菜的具体技法。原料特别耐火、老韧，经煲稔后焖，能加快焖制时间，从而达到味道香浓、肉质稔滑的效果。

五、焖的工艺流程

（一）生焖法

拉油生焖法：选料—刀工（配料处理）—拉油—焖制—打芡—成品。

生爆酱焖法：选料—刀工—飞水（炕干）—酱爆—焖制—成品。

（二）红焖法

选料—刀工—上粉—炸制—焖制—成品。

（三）熟焖法

选料—煲稔—刀工—爆透—焖制—成品。

六、焖的操作要领

（一）生焖法

拉油生焖法：选用较为新鲜、嫩滑的肉料，老韧、耐火的肉料不宜采用此焖法。肉料件头要均匀，最忌大小、厚薄不匀，会影响其熟度的一致性。肉料经拉油处理至四五成熟，作用是能更好地保持肉料的嫩滑，多使用慢油温或中油温，油温不宜偏高。肉料拉油后，与料头一同爆香后潠酒，加入一定量汤水调味，加盖焖至熟或熟透。由于加热时间较短，汤水不宜过多，应视原料受水情况而定。调味多使用一般调味料，应保持其原味和鲜味，味香而鲜，肉质嫩滑，如使用酱汁调味，也不宜过于浓郁。

生爆酱焖法：选用肉味较为香浓、较为耐火或老韧的肉料，有较多的蒜头、姜、青蒜等为配料，以增加菜肴香味，并使用特定的酱汁调味。为使肉料更能爆香、爆透，可使用飞水或炕干的方法处理，目的是使肉料去掉部分水分，干身后易于爆香。爆时使用猛火，热锅，用少量油，先爆姜、蒜出香味，再下酱料、肉料一同爆炒，至香、至透才潠酒，下汤水焖。视肉料的耐火或老韧程度下汤水量，肉料越老韧，加热时间越长，汤水量也要越多，直至肉料焖至稔软，肉香味充分溢出为止。由于焖制时间长，肉汁与调味酱汁混成原汁，较为浓稠。生爆酱焖法是粤菜中的一种很独特、很传统的焖法。

（二）红焖法

原料主要选用鱼类，可有配料。原料一般经刀工斩成日字形厚件，拍上干生粉，使用猛油温炸至呈金黄色、硬身要炸透，油温约 210℃。将炸透的鱼件加入汤水，调味加盖加热至鱼件软滑，用湿生粉调芡，俗称焖透。汤水量要稍多，因炸鱼易吸收水分，易焖干，芡汁和尾油都要多一些，才会油亮、香滑。

（三）熟焖法

原料选用比较耐火或老韧的肉料，原件煲至七八成稔后取出切件，使用较多的蒜头、姜、青蒜作为配料，以增加菜肴香味，也有特定的酱汁用于调味。猛火热锅，下少量油，先将料头爆香，放入煲稔的肉料、酱汁一起爆透，灒酒，加入原汤调味，加盖焖至入味。该焖法与生爆酱焖法相似，不同的是熟焖法只要将肉料煲至一定稔度后再切件焖，大大缩短了焖制的时间，又使肉料易稔、易入味。使用煲的原汤焖制，又能保持原味，特别适用于一些较老韧、耐火的肉料。

七、焖的菜式品种举例

（一）生焖法

1. 拉油生焖法：鲜菇焖鸡

主料：光鸡 200 克。

配料：鲜菇 300 克、蒜蓉 1 克、姜 3 克、葱 3 克。

调料：精盐 2.5 克、味精 2.5 克、蚝油 10 克、白糖 2 克、老抽 5 克、绍酒 10 克、湿生粉 15 克、麻油 1 克、胡椒粉 0.05 克、生油 1 000 克（耗油 50 克）。

制法：①将光鸡斩件洗净，鲜菇头部划十字形，㷛制，切蒜蓉、姜片、葱段作为料头；②鲜菇经滚煨，倒起，滤清水分，鸡件用湿生粉拌匀后拉油至四成熟，倒起，滤清油分；③利用锅中余油，下料头、鲜菇、鸡件，灒入绍酒，加入汤水，调味（盐、味精、蚝油、白糖、老抽等），加盖焖至熟；④用湿生粉打芡，下尾油，上碟便成。

特色：味香而鲜，芡色金红、油亮，肉质嫩滑，鲜菇清爽，芡匀滑泻脚。

2. 生爆酱焖法：柱侯焖鹅

主料：光鹅 1 500 克。

配料：蒜头 60 克、姜 200 克、青蒜 150 克、土豆 250 克。

调料：柱侯酱 30 克、海鲜酱 25 克、蚝油 20 克、花生酱 15 克、芝麻酱 15 克、精盐 5 克、味精 3 克、片糖 50 克、老抽 20 克、绍酒 10 克、生油 100 克。

制法：①将光鹅斩件并洗净，土豆去皮切件，件头均匀、稍大；②切厚姜片、青蒜段、蒜蓉、蒜子；③将柱侯酱、海鲜酱、蚝油、花生酱、芝麻酱等按比例调成酱汁；④将鹅件飞水处理后，烧锅下油，炸土豆件和蒜子至金黄色、透身，捞起，滤清油分；⑤利用锅中余油，下姜片、青蒜段略爆后，再下蒜蓉爆香，下酱汁，加入鹅件，用猛火爆香、爆透；⑥灒入绍酒，加入汤水调味，用老抽调色，并放入炸蒜子、炸土豆，一齐加盖；⑦使用中火焖，至土豆稔身、鹅件稔滑即可。

特色：汁浓味厚，芳香馥郁，原料稔滑，滋味丰富，芡汁稍宽，色泽深红、油亮。

（二）红焖法：蒜子焖鲩鱼

主料：鲩鱼 400 克。

配料：蒜子 50 克、姜 2.5 克、葱 2.5 克、湿冬菇 15 克、火腩 50 克、芫荽 5 克、汤水适量。

调料：精盐 4 克、味精 2.5 克、蚝油 10 克、老抽 7.5 克、白糖 1.5 克、麻油 0.5 克、胡椒粉 0.1 克、绍酒 15 克、生粉 75 克、生油 1 500 克（耗油 100 克）。

制法：①将鲩鱼宰杀干净，切段，斩成长方形厚件（长约 5 厘米，厚约 2 厘米），用少许盐拌匀后拍上干生粉；②切蒜子、蒜蓉、姜丝、冬菇件、火腩件、葱段、芫荽段；③烧锅下油，炸蒜子至呈金黄色，捞起，油温约 210℃ 时放入上粉后翻潮的鱼件，浸炸至金黄色，硬身，捞起，滤清油分；④利用锅中余油，下蒜蓉、姜丝、火腩件等略爆，灒入绍酒，加入汤水，下炸好的鱼件、冬菇、蒜子调味，老抽调色，加盖焖至鱼件软滑；⑤用湿生粉勾芡，下尾油、葱段，盛放于碟中，鱼面放上芫荽段便成。

特色：味鲜而香，外甘而内滑，滋味浓郁，芡色浅红、油亮。

（三）熟焖法：萝卜焖牛腩

主料：牛腩（坑腩）500 克。

配料：萝卜 400 克、蒜蓉 5 克、姜 25 克、青蒜 25 克、罗汉果半个、八角 1 粒、花椒少许。

调料：柱侯酱 25 克、海鲜酱 20 克、花生酱 10 克、芝麻酱 10 克、蚝油 15

克、片糖 25 克、精盐 3 克、味精 5 克、老抽 2 克、绍酒 10 克、生油 10 克。

制法：①将牛腩原件洗净，放入汤镬内加水煲至八成稔，煲时放入姜件、罗汉果、八角、花椒一齐煲，取其香味，取出切厚件；②将萝卜去皮，切成斧头件，滚透后漂冷，切厚姜片、青蒜段、蒜蓉；③将柱侯酱、海鲜酱、花生酱、蚝油等调成酱汁待用；④烧锅下油，下姜片、青蒜、蒜蓉爆香，加入煲稔的牛腩件、酱汁；⑤用猛火一起爆香、爆透，溅入绍酒，加入原汤调味，老抽调色，加盖，用中火加热至入味稔滑，中途可加入萝卜一齐焖。

特色：味香汁浓，原料稔滑，滋味醇厚，色泽深红，芡汁稍宽，焖制时间短，操作简便。

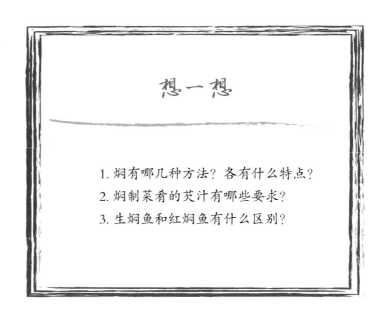

想一想

1. 焖有哪几种方法？各有什么特点？
2. 焖制菜肴的芡汁有哪些要求？
3. 生焖鱼和红焖鱼有什么区别？

项目 30
烹调方法——焗

学习目标

1. 理解焗的含义和种类。
2. 基本掌握焗的火候运用。
3. 掌握焗芡的运用。
4. 基本掌握焗的工艺流程和代表菜式的制作方法。

前置作业

1. 了解焗法与焖法有什么不同。
2. 您知道哪些焗的菜肴品种?

一、焗的含义

焗是将加工后的原料经煎、炸或拉油处理增香、上色,放在铁锅或瓦罉内,加入汤水调味,运用中火或中慢火加热至熟透或稔滑而成菜的烹调技法。

二、焗的原理

粤菜的焗与北方菜的红烧接近,这种技法主要以中火或中慢火进行稍长时间的加热,使原料受热而熟透或稔滑,调味料渗入原料,形成较为香浓的滋味。焗的技法要根据原料的性质加入适量的汤水，稍长时间的加热使汤水浓缩，肉料的滋味透出，快好时要收汁，也可使用芡粉增加汤汁黏性，使汤汁附着在原料上，形成柔滑的口感、浓厚的味道和鲜明的色彩。这是粤菜独有的烹调技法。

三、焗的主要特点

用料较为广泛，无论家禽家畜、水产海鲜、山珍野味，还是一些肉质较老韧、香味浓厚的原料，均适合焗的制法。焗还有相对固定的配料。不同类型的品种，可配以特定的配料，如红烧料、焗鸡料、家乡焗料、姜葱焗料等。主料在加汤水焗之前，一般要经煎、炸或拉油处理，煎、炸是为了让原料增香、上色；拉油是为了使肉料更好地保持嫩滑而香，且多有蒜、姜、葱等作为料头，以增加浓郁的风味。调味多用带色的调料，如蚝油、豉油，使芡汁带有浅红至深红的颜色，形成较为浓厚的味道和鲜明的色泽。焗的火候主要采用先中火后中慢火，并加入一定量的汤水，质嫩的原料加热时间稍短，使用中火；质老韧的原料加热时间稍长，使用中慢火。汤水经加热浓缩，收汁一般以刚好够芡汁使用为度，形成味厚汁浓的特色。菜肴成品具有质感稔滑或软滑、口感柔和、滋味醇厚、香气浓郁、色泽红亮、味鲜汁香的特色。

四、焗的分类及其特点

（一）煎焗
主料经煎制上色后，再焗至熟透。味鲜而肉质嫩滑，色泽金红，香味浓烈。
（二）炸焗
主料经炸制上色后，再焗至熟透。制作较为简便，易于上色且上色均匀，色泽金红，味香鲜而肉质嫩滑。
（三）拉油焗
主料经拉油后，再焗至熟透。制作与焖相近，滋味浓郁，味香而鲜，肉质软滑，如选用瓦罉焗法则风味更为香浓，原汁原味。

五、焗的工艺流程

（一）煎焗
选料—刀工—焗制—（刀工）—打芡—成品。
（二）炸焗
选料—刀工—上色—炸色—焗制—（刀工）—打芡—成品。
（三）拉油焗
选料—刀工—初步处理—拉油—焗制—（打芡）—成品。

六、焗的操作要领

（一）煎焗
主要是掌握好煎的火候，不能太猛，一般使用热锅冷油，用中慢火均匀加热。注意色泽的变化，禽类原料煎至呈金黄色，尽量使其着色均匀，鱼类原料煎至呈金红色，要煎透。煎焗的原料一般较为软嫩，加热时间不需很长，一般熟透便可，以保持味鲜肉嫩；芡色金红，多用蚝油、老抽，原汁打芡。

（二）炸焗

主料炸前要用生抽上色，将原料外表涂匀，炸时掌握好油温，油温约210℃时放入原料，稍翻动，其上色后即捞起，滤清油分后焗制。炸色时间较短，油温较高，炸色以金红为标准，炸焗的原料也多为软嫩，一般加热至熟或熟透便可，不需长时间焗，原汁打芡，也多用蚝油或老抽。

（三）拉油焗

原料需斩件，也属于碎件焗。原料经初步处理后拉油，鲜嫩的肉料拉油油温较低，味浓耐火的肉料拉油油温较高。鲜嫩的肉料拉油前拌上生粉，其肉质更嫩滑；异味重的肉料要经飞水处理，煸爆后再拍上少许生粉拉油。加热时间由原料性质决定，鲜嫩肉料焗至熟透即可。耐火或老韧肉料要焗至软滑或稔滑。可采用瓦罉焗法，也可采用锅上焗法。瓦罉制作，原汁打芡，原味较香浓，原罉上席；锅上焗原汁用湿生粉打芡，用碟等盛装上席。

七、焗的菜式品种举例

（一）煎焗：姜葱焗鲤鱼

主料：鲤鱼600克。

配料：姜75克、葱250克、陈皮2克。

调料：精盐5克、味精5克、蚝油10克、老抽15克、麻油1.5克、胡椒粉0.5克、湿生粉15克、生油75克、二汤400克、绍酒适量。

制法：①将鲤鱼宰杀干净，切姜件、葱条、蒜蓉、陈皮丝；②鱼身内外用少许盐擦匀；③烧热锅，用油搪锅，下鱼平放，用中慢火将两面煎至呈金黄色，倒起，滤清油分；④下姜件、葱条爆透后溅入绍酒，加入汤水，下鲤鱼、陈皮，调味，加盖加热至熟。如有鱼卵等，则在加热中途放入，焗至熟为止。将鱼上碟，用姜、葱铺面，原汁用湿生粉打芡，加尾油后淋上鱼面。

特色：香气浓郁，味道鲜美，芡色金红，芡阔，鱼质嫩滑，色泽鲜明（此菜可使用瓦罉焗，加汤调味后转入瓦罉，加盖焗至熟，原汁不用打芡，原瓦罉上席，更为全气全味，其他焗法均可如此）。

（二）炸焗：蚝油焗鸡

主料：光鸡 750 克。

配料：湿冬菇 50 克，鲜笋 150 克，姜、葱各 15 克。

调料：精盐 5 克、味精 5 克、蚝油 10 克、老抽 15 克、白糖 10 克、湿生粉 15 克、生油 1 500 克（耗油 100 克）、二汤 400 克、绍酒适量。

制法：①将光鸡洗净，滤干水分，表皮涂匀老抽上色，将冬菇浸发后切件，切笋片、姜件、葱条；②烧锅下油加热至 210℃，放入鸡炸至呈金红色后迅速捞起，滤清油分；③将冬菇件、笋片滚过倒起；④烧锅下油，再下姜、葱爆香，灒入绍酒，加入汤水，放入冬菇件、笋片、鸡，调味，加盖加热至熟；⑤将鸡取出，去掉姜葱，冬菇件和笋片垫在碟底，鸡斩件造型放在面上；⑥原汁用湿生粉打芡，下尾油推匀，淋上鸡身上便成。

特色：味鲜美，肉嫩滑，香气足，色泽金红，芡色鲜明。

（三）拉油焗：家乡焗金钱鳝片

主料：白鳝 750 克。

配料：发好的金针、云耳各 25 克，红枣 2 个，鲜笋 50 克，鲜菇 25 克，蒜蓉 2 克。

调料：精盐 2.5 克、味精 5 克、蚝油 10 克、老抽 10 克、白糖 5 克、绍酒 10 克、生粉 2.5 克、生油 50 克、二汤 400 克。

制法：①将白鳝宰杀干净，去清黏液，横切约 1 厘米厚金钱片，用少许生粉拌匀；②将金针、云耳浸透后洗净、滚过，红枣去核，鲜笋、鲜菇切片滚过；③烧锅下油，油温约 150℃时放入鳝片，拉油到四至五成熟，倒起，滤清油分；④利用锅中余油，爆香蒜蓉及所有配料，灒入绍酒，加入汤水，白鳝片调味，加盖焗透，用少许湿生粉打芡，下尾油后上碟。

特色：味鲜香浓，肉质软滑，配料丰富，具有家乡特色，如采用瓦罉焗，风味特色更为浓厚。

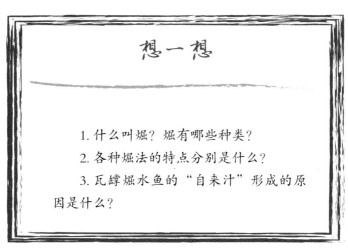

想一想

1. 什么叫焗？焗有哪些种类？

2. 各种焗法的特点分别是什么？

3. 瓦罉焗水鱼的"自来汁"形成的原因是什么？

项目 31
烹调方法——焗

学习目标

1. 理解焗的含义和种类。
2. 基本掌握焗的火候运用。
3. 掌握焗芡汁的运用。
4. 基本掌握焗的工艺流程和代表菜式的制作方法。

前置作业

1. 了解焗法与焖法有什么不同。
2. 了解焗的品种有哪些特点。
3. 您知道哪些焗的菜品？

一、焗的含义

焗是将原料腌制后或经特殊的处理，使用密闭的加热方式对原料进行特定的加热，促使原料受热而自身水分汽化，由生至熟而成为热菜的烹调技法。

二、焗的原理

焗法是粤厨吸取西餐制法演化而来的，在烹调技法中比较特殊，加热原理较为复杂，根据不同的加热方式，有不同的机理，如瓦罉焗、锅上焗与盐焗、炉焗等有较大的区别。瓦罉焗、锅上焗是在加盖密封的条件下，利用油、水蒸发的热力，将原料加热至熟；盐焗是利用加热而形成高温的粗盐粒作为传热介质，利用盐粒的高温直接将原料加热至熟；炉焗是利用焗炉的热空气，以热辐射传热为主，与烤有相同之处，富有西餐制法的特色。因此，粤菜的焗法，是糅合了多种传热介质和加热方式对原料进行特定的加热，制作出来的菜品，风格迥异，各有特色。但作为焗，它们也有共同之处，就是使原料在密闭的状态下加热，热量集中，散发较慢，原料受热后，所溢出的香味不易挥发，菜品香味浓郁，原汁原味，本味特殊。

三、焗的主要特点

使用焗法的原料，以鲜嫩的肉料为主，较少有配料或只有少量配料，原料加热的形状既可以原只（条），也可斩成件。原料在焗制前，一般要进行腌味处理，原因是焗制的加热时间不长，一般以刚熟为标准，肉料形状又比较厚大，不经过腌制，加热过程中难以使味透入肉内，同时，焗也是个密闭的过程，不便于调味。原料在焗制前除了普遍要进行腌味外，大部分的原料还要进行如炸、煎、拉油等处理，使原料达到如上色、增香或快熟等烹制目的，这些焗前初步熟处理，应视焗法和不同菜式质量要求而有别。

由于焗的具体方法不同，因而加热方式区别较大，但不管采取哪种加热方式，焗一般不宜使用猛火，多为中火或中慢火，加热时间也不需很长，一般以原料仅熟为标准，保持原料的鲜嫩、香滑，肉内有一定的肉汁。

焗的菜肴具有香味芬芳、原汁原味、鲜美香嫩、突出本味等特点。但不同的焗法，其风味特色也有较大的差异。

四、焗的分类及其特点

（一）瓦罉焗法

烹制时使用瓦罉，瓦罉烹制是粤菜制作的特色，比较全气全味，成菜香气浓郁，富有特色。原料多为原只（条）烹制，原汁一般不用芡粉打芡，原汁原味，肉质香嫩，是粤菜使用较多的具体焗法。

（二）锅上焗法

烹制时使用铁锅，烹制较为方便快捷，原料多为斩件，一般使用芡粉打芡，部分菜式具有西餐风味，味香而肉质鲜嫩。

（三）盐焗法

原料腌制入味，并用纱纸包裹，埋放进已加热至滚烫的粗盐内，利用盐的高温慢慢传热至原料内部至其熟而成菜的具体焗法。成品香气浓烈，肉嫩甘香，是粤菜中别有风味的佳肴。

（四）炉焗法

炉焗法是使用电焗炉或电烤箱，利用焗炉或烤箱内的热空气或热辐射传热，使经腌味处理的原料至熟的具体焗法。其与烤法有相似之处，也有西餐制作的风味。菜式成品除了具有芳香的气味外，还带有烤的特色。

五、焗的工艺流程

（一）瓦罉焗法

选料—腌制—初步熟处理—焗制—（刀工）—淋原汁—成品。

（二）锅上焗法

选料—刀工—（腌制）—拉油（煎）—焗制—打芡（收汁）—成品。

（三）盐焗法

选料—初步加工—腌制—包裹—炒盐—焗制—（刀工）—成品。

（四）炉焗法

选料—刀工处理—腌制—包裹—入炉焗制—刀工—成品。

六、焗的操作要领

（一）瓦罉焗法

原料鲜嫩，基本为肉类原料，并以禽类和水产类原料为主，原只或原条烹制，禽类原料焗熟后才斩件。原料要在焗前腌制，目的是使其更易入味，不少原料腌制后还须经煎或炸而上色、增香。烹制时要加入油、汤水或汁酱，如瓦罉焗葱油鸡，要加入一定量的葱和油；如西汁瓦罉焗乳鸽，要加入一定量的西汁等。这些油、汤、汁水会在原料至熟后变为原汁，原汁不用湿生粉打芡。使用瓦罉烹制，瓦罉的大小应根据原料的量而定，一般原料的量不要太多，瓦罉内应保持一定的空间，这样原料才易熟。原料经各种特定的处理后放入瓦罉内，加入油或汤汁，加盖，先用猛火使其迅速至滚，滚后转用中火加热，至原料刚熟即可。

（二）锅上焗法

原料要求鲜嫩，禽、畜或水产原料均可，多有少量配料，原料一般斩件后烹制。原料焗前可腌味也可不腌味，应视原料及菜式要求而定，原料焗前多经拉油或煎制等处理。整个烹制过程与焖比较接近，用中火加热，要加入一定汤水或酱汁，加热至原料熟透和入味后，用少量芡粉打芡，部分菜式可用味汁焗至收汁（煎焗）。

（三）盐焗法

原料要求鲜嫩，禽类或水产类原料较多，基本没有配料，多为原只（原条）烹制。原料焗前要经腌制，使其入味，并用纱纸涂上猪油进行包裹，不能松散，否则，外面的盐会进入原料内。使用粗海盐，先将其用铁锅炒至滚烫，利用盐导热性能好、传热快、有独特香味的特点，将原料加热至熟。使用盐焗法时盐量要多，并且加热至滚烫，这样才有足够的热力将原料焗熟。如一次不能使原料至熟，应将原料取出，再将粗盐重新炒至够热，接着放入原料焗，焗时为了保温，可以在盐面加盖和继续用慢火加热。但如果盐粒过热，也会将原料外表烧焦。所以掌握好盐的温度和加热的时间，是盐焗的关键。传统的盐焗操作方法比较费时费事，效率也不高。目前餐饮业多采用焗炉烤焗的制法，即将原料腌味包裹后，放入盐盆，埋入粗盐内，用烤箱或焗炉进行烤焗，操作较为简便，火候也容易调节，又能批量生产，只是风味较传统制作稍微逊色。

（四）炉焗法

原料选用较为广泛，一般以肉料为主，多有配料，可原只（原条）制作，也可碎件制作。原料要经腌制处理，也可与配料、汁酱一起腌制，多数要包裹后才入炉加热，包裹材料可用锡纸、荷叶、面团甚至泥巴等。掌握好焗炉温度与加热时间，如果炉温过高，易将原料烤焦黑；炉温过低，原料不易熟且香味不足。加热时间一般以原料仅熟为标准，也有部分原料要求熟透甚至酥烂，应视菜式质量要求而定。

七、焗的菜式品种举例

（一）瓦罉焗法：瓦罉葱油焗鸡

主料：光鸡原只 750 克。

配料：葱 300 克、姜 25 克、八角 1 粒。

调料：猪油 150 克、生抽 15 克、精盐 10 克、味精 7.5 克、西凤酒 20 克。

制法：①将洗净的光鸡去肺，吊干水分，在鸡内腔涂擦精盐、味精，放入葱条、姜片和八角，在鸡外皮涂上生抽；②将瓦罉烧热，放入猪油，将鸡外表煎至呈金黄色取出（也可用铁锅进行煎色处理）；③在瓦罉底垫入较多的葱条，以井字形垫放，将煎色的光鸡侧平放在葱面上，然后把西凤酒倒入鸡内腔，加入猪油，加盖；④用猛火加热至滚起再转用中火加热，中途要将鸡翻转身，使其两面受热一致；⑤待鸡约八成熟后，倒出原汁，再转用慢火焗约5 分钟，以闻到葱的焦香味、鸡刚熟为好；⑥取出鸡稍晾后斩件上碟，砌成原鸡形，鸡内腔的姜、葱可作垫底用，原汁经调味后淋上鸡面，用芫荽围边。

特色：葱和油混合的香味浓烈，鸡的皮色金黄、肉质鲜嫩、皮爽肉滑。

（二）锅上焗法：瑞士焗排骨

主料：排骨 400 克。

配料：土豆 300 克、蒜蓉 1.5 克、威化片 15 克。

调料：精盐 5 克、味精 5 克、白糖 5 克、茄汁 35 克、糖醋 10 克、二汤 400 克、绍酒 10 克、干淀粉 20 克、生油 1 000 克（耗油 100 克）。

制法：①排骨斩件洗净，滤干水分后拌上少许干生粉，土豆去皮切菱形件；②土豆用油炸至透身并呈金黄色，威化片炸发至松脆；③排骨拉油到四至五成熟，倒起，滤清油分；④下蒜蓉、排骨爆香，灒入绍酒，加入二汤，调味（精盐、味精、茄汁、糖醋、白糖），加盖、中

火加热至土豆稔身、排骨熟透；⑤ 用少许湿生粉打芡，加入尾油后上碟，围上炸好的威化片。

特色：芡色大红、鲜艳，味鲜、带酸甜，土豆松稔，排骨嫩滑，具有西餐菜式风味。

（三）盐焗法：<u>正式盐焗鸡</u>

主料：光鸡原只 750 克。

配料：姜 25 克、葱 25 克、八角 1 粒、芫荽 20 克。

调料：粗盐 5 千克、精盐 10 克、味精 10 克、老抽 15 克、西凤酒 20 克、猪油 100 克。

制法：①将洗净的光鸡去肺，吊干水分，用精盐、味精涂擦内腔，并放入姜片、葱条、八角、西凤酒，外表涂生抽上色；②使用 3 张纱纸，2 张涂上猪油，分别将腌味的鸡原只包裹，逐层包实，外面的纱纸不用涂油；③将粗盐用猛火加热至烫手，扒开盐的中间，把包裹好的鸡放入，用热盐覆盖，加上锅盖，离开火位焗。盐多且够烫热，则可一次焗熟。一般要焗约半小时；④将鸡取出，去掉纱纸，斩件上碟，砌回鸡形，围上芫荽段，跟沙姜盐、味精、熟油调成的佐味料上席（也可拆肉、拆皮、拆骨造型上碟）。

特点：香味浓烈，肉嫩甘香，皮爽、骨香、入味，风味十分独特。

（四）炉焗法：<u>炉焗荷香鸡</u>

主料：光鸡原只 750 克。

配料：猪网油 50 克、腐皮 1 张、湿冬菇 25 克、咸蛋黄 3 个、肉丝 100 克、姜蓉 15 克、葱丝 25 克、荷叶 2 张。

调料：精盐 10 克、味精 6 克、白糖 3 克、绍酒 10 克、生油 50 克、面粉 1 000 克、清水 350 克。

制法：①将洗净的光鸡去肺，吊干水分，内腔用姜蓉、葱丝、精盐、味精、绍酒涂擦均匀腌制，冬菇、猪肉切丝；②将冬菇滚过，猪肉丝拌湿生粉后拉油，

与咸蛋黄一齐填入鸡膛内，依次用猪网油、腐皮、涂过猪网油的鲜荷叶逐层包裹好；③将面粉用水、绍酒搓透成面团，并压成面皮，将包好的鸡再包裹住，包裹的面团的皮要厚薄均匀；④将处理好的鸡放在炕盘上，入焗炉加热，一般要焗3小时，至鸡熟透取出；⑤在客人面前将烤干的面皮敲碎，取出用荷叶包裹的鸡，用碟盛装上席，然后打开荷叶，用刀叉将鸡分开，由客人自己分吃（也可用砧板斩件上席）。

特色：炉焗法是江南叫花鸡的粤式制法，气味清香，滋味丰富，肉质软滑，鲜美肥嫩，独具特色。

想一想

1. 什么叫焗？焗有哪些种类？
2. 各种焗法分别有什么特点？
3. 焗和煀有何区别？

模块十

以热空气、辐射加温的烹调方法

项目 32
烹调方法——烧烤

学习目标

1. 理解烧烤的特征、分类及相关原料知识。
2. 通过典型菜肴的制作，学会烧烤烹调法。
3. 懂得烧烤烹调法的应用。

前置作业

1. 观察或品尝市场上的烧腊产品。
2. 搜集麻皮乳猪的相关信息。

一、烧烤的含义

烧烤是利用热源产生的热空气，通过辐射的方式对腌制好的裸肉直接加热，使肉料至熟成菜的烹调方法。广东地区习惯称之为烧烤或烧，如烧全体乳猪、明炉烧鹅、蜜汁叉烧等。

二、烧烤的特点

（1）由热源对原料进行直接加热。
（2）烧烤常用的安全能源有木炭、天然气、煤气、电及远红外线等。
（3）选用原料以禽类和猪、羊为主。
（4）被烤肉料烤前均需经过腌制。
（5）用于制作脆皮菜式的原料要先上皮（涂抹麦芽糖浆），晾干后再烤制。

（6）烧烤制品色泽以大红、金红为主，外皮酥脆或酥香，滋味甘香不腻，肉嫩味鲜，带有甜味。

三、烧烤的分类

烧烤的加热有开放和密闭两种形式，并由此形成明炉烤和挂炉烤两种烤法。两种烤法的工艺程序和适用原料基本相同，但工艺方法稍有不同。因此，成品风味也有所区别。

（一）明炉烤法

1. 含义和特点

用开放的方式烧烤称为明炉烤。明炉烤的炉具为卧式炭炉。制作者用专用的钢叉，叉着已上皮、晾干的乳猪或鸭、鹅，在炭火上转动烧烤，直至皮脆、色大红。明炉烤一般用于制作脆皮的食品。

2. 工艺流程

整理并腌制原料—上叉—上皮—晾干—调炉火—烧烤—成品。

3. 菜品制作实例：麻皮乳猪（全体）

原料：光乳猪 1 只（3 500 克左右）、千层饼 24 件、葱球 24 件。

调料：五香盐 100 克、乳猪上皮水 100 克、乳猪酱 100 克、白糖粉 50 克。

五香盐配方：砂糖 2 250 克、盐 2 500 克、味粉 500 克、五香粉 150 克、沙姜粉和甘草粉各 100 克。

乳猪上皮水配方：白醋 500 克、浙醋 50 克、麦芽糖 45 克、九江双蒸酒 25 克、玫瑰露酒（黑糯米酒、头曲）25 克。

乳猪酱配方：

（1）生酱材料：砂糖 3 000 克、柱侯酱 3 000 克、海鲜酱 1 250 克、芝麻酱 1 000 克、南乳 500 克、腐乳 1 瓶、盐 300 克、味精 100 克。

（2）熟酱材料：生酱 5 000 克、蒜蓉 1 000 克、陈皮 50 克、芫荽 100 克、干葱蓉 500 克。

制法：

（1）把劈好、洗净的乳猪平放在台上，将五香盐均匀地抹在猪的内腔，腌制 30 分钟。

（2）用木条把猪壳撑好，定型。

（3）把乳猪放在专用的乳猪叉上。

（4）用沸水淋烫乳猪外皮，稍干后涂上乳猪上皮水，放在通风处晾干。

（5）点燃卧式乳猪炉的炭，把钢叉架在炉上，先烤内腔，再烤外皮。当外皮颜色转为杏皮色时，用钢针轻轻扎入皮内，排出皮内气体。烧烤过程中应不时往猪身扫油，帮助化皮。一直烤至乳猪全身呈大红色为止。

（6）卸去木条、钢叉，把乳猪放在大碟上，在背上片出长条猪皮，每条剁成 6～9 件，长短大小视乳猪大小和人数而定。配乳猪酱、千层饼、葱球、白糖粉为佐味料。

操作要领：

（1）乳猪上叉后，要将外形整理平整，不要出现尖突、棱角或凹陷。

（2）腌制时间要足够。

（3）调好上皮的糖水，不同原料的糖水配方会有不同。

（4）脆皮菜式的原料上皮后必须晾干后再烧烤。

（5）必须控制好炉火、炉温，掌握好烤制时间。

菜品特点：成菜色泽大红，油光明亮，肉嫩鲜美，风味独特。

（二）挂炉烤法

1. 含义和特点

将原料放在专用炉内密闭烧烤的方法叫作挂炉烤法。挂炉烤的炉具有立式炭炉、燃气炉、电炉和远红外线炉等。挂炉烤的效率比明炉烤更高，但制作的脆皮质量不及明炉烤得好。脆皮食品类如叉烧、排骨等，只宜用挂炉烤。

挂炉烤法与炉焗法虽同是将原料放进密闭的炉内加热，但两者有明显区别。

（1）挂炉烤是对原料直接加热，原料不上浆粉，也不用东西包裹；而炉焗既要上浆粉，也要用东西包裹。

（2）挂炉烤原料受到的温度要比炉焗的更高，热力更强。

（3）挂炉烤成品一般为红色，炉焗成品大部分不为红色。

（4）挂炉烤原料形状较大，一般为原只、原件或整件，烤熟以后再分割；炉焗原料一般为碎件或小的整件。

2. 工艺流程

整理并腌制原料—上叉—上皮—晾干—调节炉温—烧烤—成品—淋糖水—返烤。

3. 菜品制作实例：蜜汁叉烧

原料：去皮上肉 500 克。

调料：白糖 40 克、精盐 10 克、汾酒 15 克、生抽 20 克、老抽 25 克、柱侯酱 5 克、芝麻酱 10 克、五香粉 2 克、大茴香粉 2 克、麦芽糖浆 100 克。

制法：

（1）将上肉切改成均匀的方条形，洗净。

（2）加入调料腌制 1 小时。

（3）用叉烧环将肉条穿挂起来。

（4）把穿挂好的叉烧挂入炉内，用中火烤约 25 分钟至熟。

（5）取出，淋上用麦芽糖调好的糖浆，返烤 3 分钟即可。

操作要领：

（1）用炭炉烧烤时，必须将炉内烟雾排清后才可放料烤制。

（2）炉温必须合适。

菜品特点：软滑甘香，酥中带汁，内咸外甜、略有蜜味，瘦肉焦香，肥肉甘化。

想一想

1. 通过实践，说一说烧烤的分类与特征。

2. 写出 5 种市场上供应的烧烤品种。

3. 谈谈用烧烤法制作的菜肴的特点。

项目 33
烹调方法——卤

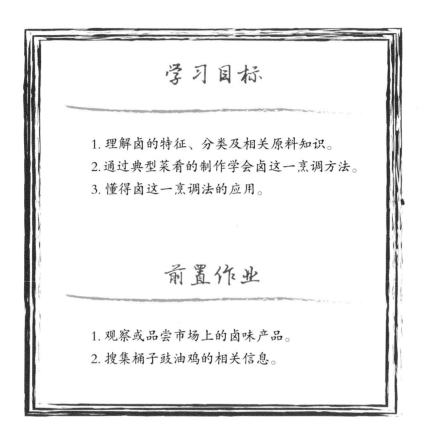

学习目标

1. 理解卤的特征、分类及相关原料知识。
2. 通过典型菜肴的制作学会卤这一烹调方法。
3. 懂得卤这一烹调法的应用。

前置作业

1. 观察或品尝市场上的卤味产品。
2. 搜集桶子豉油鸡的相关信息。

一、卤的含义

卤是将原料放进卤水中浸制至熟且入味的烹调技法。通常称为浸卤，成品称为卤味。

二、卤的特点

（1）用卤水浸制。
（2）加热时间较长，火力较弱。
（3）卤水可反复使用。
（4）成品气味芳香、滋味甘美。

粤菜中的卤水分红卤水、白卤水两大类，卤制方法大致相同，但因为卤水的配制不同，成品风味有所区别。

红卤水成品带酱色，分一般卤水、精卤水及潮州卤水三种。一般卤水的主体是生抽和清水，比例取 5∶5～7∶3。精卤水的主体是生抽，不加水或水占的比例极小。潮州卤水的主体是生抽和清水，生抽比例小，一般不超过 25%，用老抽或珠油（红豉油）调色。潮州卤水添加当地特产南姜，而且加入的量较大，成品也就带南姜香气。

白卤水成品保持原料本色。白卤水的主体是清水，不加酱油。

三、工艺流程

调制卤水—飞水、煲稔—冲洗—卤制—上碟—配佐味料—成品。

四、菜品制作实例

菜例：桶子豉油鸡。

原料：宰净光鸡。

调料：豉油鸡水。

豉油鸡水配方：生抽王、冰糖各 500 克，绍酒 400 克，蚝油 200 克，红谷米 100 克，甘草、沙姜各 50 克，花椒、八角、陈皮、香叶各 25 克，丁香、桂皮、豆蔻各 10 克，香菜 20 克，草果 8 个，罗汉果 1 个。

制法：

（1）把光鸡放进沸汤中烫一下，用热水淋过。

（2）烧沸卤水，手提鸡颈，将鸡身浸入卤水中，然后提起，让卤水流出。如此反复 5 次，便将鸡浸于卤水中，浸约 13 分钟至刚熟。

（3）取出，晾凉后，斩件上碟，砌出鸡形，拌上香菜，配调制过的豉油鸡水为佐味料。

操作要领：

（1）根据鸡的特性及菜式要求做好初步熟处理，并掌握好卤制的火候。

（2）及时补充卤水内的调料，确保卤水质量的稳定。

（3）不宜让原料长时间浸泡在卤水中，以免味重。

（4）同锅浸卤的原料大小要尽量均匀，不宜过大。

（5）应在卤水滚沸时或大热时捞出卤制品，令卤制品色泽鲜亮。

菜品特点：色泽红润，皮爽肉滑，味道浓郁芳香。

想一想

1. 说一说市场上常见的卤味产品的特点。

2. 卤水是怎样调制的?

3. 制作桶子豉油鸡时如何掌握卤制的火候?

模块十二

热菜的装盘方法

项目 34
热菜的装盘方法

```
学习目标

1. 理解菜肴盛装的基本要求。
2. 理解菜肴与盛器的配合原则。
3. 掌握常用的热菜装盘方法及技巧。
4. 掌握热菜造型的常用方法。


前置作业

1. 搜集菜肴图片，分析其装盘的方法。
2. 观看菜肴制作视频，观察不同菜肴的装盘方法。
```

一、热菜盛装的基本要求

菜肴盛装就是将已烹制至熟的菜肴，装入盛器中，它是整个菜肴制作的最后一个步骤，也是烹调操作基本功之一，绝不可忽视。盛装的好坏不仅关系到菜肴的形态美观，而且与菜肴的清洁卫生也有很大的关系。因为盛装以后，菜肴不再加热消毒，所以必须严格注意清洁卫生，装盘必须符合下列几项基本要求：

（1）注意清洁，讲究卫生。

（2）菜肴要装得形态丰满，整齐美观，主料突出。

（3）要注意菜肴色和形的美观。

（4）菜肴的分装必须均匀，并一次完成。

（5）盛装要熟练快速，以体现中国菜即烹即食、趁热品味的特点。

二、常用的热菜装盘方法

菜肴烹制为成品后，需要盛装出品。成品装盘得法，可增加菜肴的味道与美感，给人们以美的视觉享受。不同的装盘方法和造型，会对菜肴产生一定的影响。因此，热菜装盘时应根据菜肴的性质，采用不同的方法。热食菜肴的种类很多，有带汁的，也有不带汁的；有酥烂的，也有脆嫩的；有整只的、体积较大的，也有碎块的、体积较小的。因此，在装盘时要采用不同的方法。

（一）倒入法

倒入法又称为一次移入法，是在装盘前先摇动锅，使材料全部翻转，顺着锅势迅速移动。锅不可离盘子过高，要使材料均一地移入盘中。此法适用于上了浆的菜肴，且为单一材料，或主料与辅料的区别不明显的，如油泡响螺片等，是一次移入盘中成形的。

（二）拖入法

拖入法是先轻摇锅，然后乘其势将锅铲迅速插入菜肴下面，将锅拿到盘子近处，再将锅倾斜，用锅铲使菜肴滑入盘中。此法一般适用于整条（只）的材料（尤其是鱼）。如姜葱焗鲤鱼，在装盘时是乘势将锅铲插入鱼头下，将锅拿到盘子上方，让锅向前倾斜，一面增加其倾斜度，一面用锅铲将鱼体从鱼头端拉引过来，并迅速装入盘中。

（三）盛入法

盛入法是用勺子或锅铲将菜肴盛到盘中，先盛小而形状不整齐的，然后才盛大而形状好的。另一种是分主次盛入法，即先将菜肴的主料留下，将余下的盛入盘中，然后将留下的菜肴用勺子或锅铲盛入盘中，放在上面。此法适用于主料与辅料区别很明显的菜肴。如菜远虾球，在装盘时，先用勺将大部分菜远和少量虾球盛入盘中，再将虾球放到菜远上面，这样便突出了主料。此法适用于碎散的或需突出主料的菜肴。

（四）扒入法

扒入法在装盘前，先往锅缘周围加油，使油渗入菜肴下面。装盘时，先将锅向盘子倾斜，再迅速将锅向左移动，使菜肴不翻转而平移到盘中。此法适用于在锅中已将材料排列得平坦整齐、装盘后形状不变的菜肴，如红烧鱼翅等。

（五）扣入法

扣入法是将熟的材料一个一个整齐地排列在扣碗中，排列时要注意先排形好而大的材料，形差而小者排在其上；或先排主料，后排辅料，并以排列至碗缘为限。放入蒸笼中蒸好后，将盛盘盖在碗上，迅速将碗和盘颠倒过来，再将碗拿掉即成，如北菇扒海参等。

三、热菜的花边装饰

（一）热菜花边装饰造型的作用

热菜花边装饰造型就是运用食用原料在餐盘四周或中心做出有一定形状的花边，或以其他不同色彩的原料作为点缀，用以美化和装饰菜肴。可食性强、简单易做、造型雅致的花边是美化菜肴最可取的，亦是热菜造型艺术中运用较多的方法之一。

（二）热菜花边装饰的形式

按照花边装饰的特点，一般可将其分成局部点缀花边、非对称花边、对称花边、半围花边、中心装饰花边、全围花边等类型。

（1）局部点缀花边：将食雕花卉或各类蔬菜、水果点缀在盘一边，以渲染菜品，烘托菜肴，多用于整料的烹制菜肴，如烧鸡、全鱼、扒鸭等。

（2）非对称花边：用装饰原料在盘中做出不对称的花边来点缀，多用于刀工规格比较多样，或体现菜肴立体造型的菜式。

（3）对称花边：用装饰原料在盘中做出相互对称的花边来点缀，多用于鱼盘的盛装菜肴的装饰。

（4）半围花边：在盘子的一边用花边制品拼制出花边，这种花边的特点是不对称但协调。一边装饰，一边盛装，恰到好处，适用于圆盘和鱼盘。

（5）中心装饰花边：也称为中心装饰，多将雕刻食品或食用鲜花放于盛碟中央。

（6）全围花边：这是一种较常见的花边，多利用蔬果作为原料，如青瓜、小菜等，在造型菜的周边加以装饰。全围花边比较适合于圆盘盛装菜肴的装饰。

（三）热菜花边装饰的要求

（1）必须了解所配菜肴烹调后的色泽，根据成品色泽进行装饰，以突出菜肴的色彩。装饰方法一般以反色配边，即菜肴成品的主色调为冷色的，则用暖色边装饰；菜肴的主色调为暖色的，则用冷色边装饰。但花边色彩不能掩盖菜肴的主色调，应尽量突出菜肴色彩。

（2）必须了解菜肴所用的原料、刀工和烹调方法的特点，根据菜肴的形态确定装饰。热菜成品中的形态有末、丝、丁、片、块及整形等，如果是碎形（末、丝、丁等）原料烹制的菜肴，一般都用全围花边装饰，这样可以使杂乱的菜肴变得整齐；如果是造型菜肴，如蒜香骨等，可采用中心点缀花边装饰；如果是整形原料烹制的菜肴，则多采用盘边点缀的花边装饰。

（3）必须根据成品的烹饪方法和成品汤汁的量装饰。如烹调法中扒的菜肴，汤汁较多，应采用一些遇水不散、不变形的花边装饰，如胡萝卜等。

（4）必须根据成品的口味确定装饰。在制作食用性较强的花边时，要考虑其口味与菜肴口味之间的关系。为了避免串味，一般甜的菜肴多用甜味花边装饰，如橘子、柠檬、菠萝、草莓等，咸的菜肴就用咸味花边装饰。

想一想

1. 热菜拼盘的基本原则是什么？

2. 常用的热菜装盘方法有哪些？

3. 请举例说明热菜花边装饰有哪些形式？

MPR 出版物链码使用说明

　　本书中凡文字下方带有链码图标"▅▅▅"的地方，均可通过"泛媒关联"App 的扫码功能或"泛媒阅读"App 的"扫一扫"功能，获得对应的多媒体内容。

　　您可以通过扫描下方的二维码下载"泛媒关联"App、"泛媒阅读"App。

"泛媒关联"App 链码扫描操作步骤：

1. 打开"泛媒关联"App；

2. 将扫码框对准书中的链码扫描，即可播放多媒体内容。

"泛媒阅读"App 链码扫描操作步骤：

1. 打开"泛媒阅读"App；

2. 打开"扫一扫"功能；

3. 扫描书中的链码，即可播放多媒体内容。

扫码体验：

果汁猪扒